服装高等教育"十二五"部委级规划教材（本科）

服饰搭配艺术

（第2版）

王　渊　编著

中国纺织出版社

内 容 提 要

本书从服装的款式要素、服饰与人体的关系、服饰配件要素、服饰搭配的环境要素几个方面，详细阐述了不同情况下的服饰搭配准则。通过学习本书，有助于学生理解服饰美的内涵，更好地设计美和创造美，并且通过妥善运用服饰搭配技巧，巧妙地展示美，并将之推广，使更多的人接受美。

本书作为服装高等教育"十二五"部委级规划教材，可为服装专业人员提供服饰搭配设计的理论参考。

图书在版编目（CIP）数据

服饰搭配艺术/王渊编著.—2版.—北京：中国纺织出版社，2014.5（2018.1重印）

服装高等教育"十二五"部委级规划教材.本科

ISBN 978-7-5180-0495-9

Ⅰ.①服…　Ⅱ.①王…　Ⅲ.①服饰美学—高等学校—教材　Ⅳ.①TS976.4

中国版本图书馆CIP数据核字（2014）第043296号

策划编辑：向映宏　王　璐　　责任编辑：王　璐
责任校对：梁　颖　　责任设计：何　建　　责任印制：储志伟

中国纺织出版社出版发行
地址：北京市朝阳区百子湾东里A407号楼　邮政编码：100124
销售电话：010—67004422　传真：010—87155801
http://www.c-textilep.com
E-mail:faxing @c-textilep.com
中国纺织出版社天猫旗舰店
官方微博http://weibo.com/2119887771
北京通天印刷有限责任公司印刷　各地新华书店经销
2009年1月第1版　2016年3月第2版　2018年1月第9次印刷
开本：787×1092　1/16　印张：11
字数：172千字　定价：38.00元（附光盘1张）

出版者的话

　　全面推进素质教育，着力培养基础扎实、知识面宽、能力强、素质高的人才，已成为当今教育的主题。教材建设作为教学的重要组成部分，如何适应新形势下我国教学改革要求，与时俱进，编写出高质量的教材，在人才培养中发挥作用，成为院校和出版人共同努力的目标。2011年4月，教育部颁发了教高[2011]5号文件《教育部关于"十二五"普通高等教育本科教材建设的若干意见》（以下简称《意见》），明确指出"十二五"普通高等教育本科教材建设，要以服务人才培养为目标，以提高教材质量为核心，以创新教材建设的体制机制为突破口，以实施教材精品战略、加强教材分类指导、完善教材评价选用制度为着力点，坚持育人为本，充分发挥教材在提高人才培养质量中的基础性作用。《意见》同时指明了"十二五"普通高等教育本科教材建设的四项基本原则，即要以国家、省（区、市）、高等学校三级教材建设为基础，全面推进，提升教材整体质量，同时重点建设主干基础课程教材、专业核心课程教材，加强实验实践类教材建设，推进数字化教材建设；要实行教材编写主编负责制，出版发行单位出版社负责制，主编和其他编者所在单位及出版社上级主管部门承担监督检查责任，确保教材质量；要鼓励编写及时反映人才培养模式和教学改革最新趋势的教材，注重教材内容在传授知识的同时，传授获取知识和创造知识的方法；要根据各类普通高等学校需要，注重满足多样化人才培养需求，教材特色鲜明、品种丰富。避免相同品种且特色不突出的教材重复建设。

　　随着《意见》的出台，教育部及中国纺织工业联合会陆续确定了几批次国家、部委级教材目录，我社在纺织工程、轻化工程、服装设计与工程等项目中均有多种图书入选。为在"十二五"期间切实做好教材出版工作，我社主动进行了教材创新型模式的深入策划，力求使教材出版与教学改革和课程建设发展相适应，充分体现教材的适用性、科学性、系统性和新颖性，使教材内容具有以下几个特点：

　　（1）坚持一个目标——服务人才培养。"十二五"普通高等教育本科教材建设，要坚持育人为本，充分发挥教材在提高人才培养质量中的基础性作用，充分体现我国改革开放30多年来经济、政治、文化、社会、科技等方面取得的成就，适应不同类型高等学校需要和不同教学对象需要，编写推介一大批符合教育规律和人才成长规律的具有科学性、先进性、适用性的优秀教材，进一步完善具有中国特色的普通高等教育本科教材体系。

（2）围绕一个核心——提高教材质量。根据教育规律和课程设置特点，从提高学生分析问题、解决问题的能力入手，教材附有课程设置指导，并于章首介绍本章知识点、重点、难点及专业技能，增加相关学科的最新研究理论、研究热点或历史背景，章后附形式多样的习题等，提高教材的可读性，增加学生学习兴趣和自学能力，提升学生科技素养和人文素养。

（3）突出一个环节——内容实践环节。教材出版突出应用性学科的特点，注重理论与生产实践的结合，有针对性地设置教材内容，增加实践、实验内容。

（4）实现一个立体——多元化教材建设。鼓励编写、出版适应不同类型高等学校教学需要的不同风格和特色教材；积极推进高等学校与行业合作编写实践教材；鼓励编写、出版不同载体和不同形式的教材，包括纸质教材和数字化教材，授课型教材和辅助型教材；鼓励开发中外文双语教材、汉语与少数民族语言双语教材；探索与国外或境外合作编写或改编优秀教材。

教材出版是教育发展中的重要组成部分，为出版高质量的教材，出版社严格甄选作者，组织专家评审，并对出版全过程进行过程跟踪，及时了解教材编写进度、编写质量，力求做到作者权威，编辑专业，审读严格，精品出版。我们愿与院校一起，共同探讨、完善教材出版，不断推出精品教材，以适应我国高等教育的发展要求。

中国纺织出版社
教材出版中心

第2版前言

　　服装是人们生活中不可缺少的一种状态，为人们提供了保护、美化的功效，现代心理学家认为：服饰是穿着者内在精神要素的外化反映。服饰搭配是一门整体性造型艺术，它包含了服饰与人体的整体设计、协调、配套的关系，且与周围的环境密不可分。

　　本书从主观与客观两个角度出发，从服装的款式要素、服饰与人体的关系、服饰配件要素、服饰搭配的环境要素几个方向，详细阐述了不同情况下的服饰搭配准则。服饰搭配涉及设计、营销、展示等诸多领域，服饰搭配的技巧是服装设计及相关专业学生应掌握的重要技能，通过课程的学习，学生将对出于不同目的的服装动静态展示搭配有一定的掌控能力。本次修订对整体文字进行了梳理，增加文字的说服力，更换了部分图片，重点是在服饰搭配中融入服饰时尚发展状况，细化了静态商业服装出样、动态服饰走秀时服饰搭配的具体细则，使本书实操性更强。

编著者

2013年12月

第1版前言

　　服装是人们为了生存而创造的物质条件之一，又是人类在社会生存活动中所依赖的一种重要的精神表现要素。服装是人们生活中不可缺少的物质基础的一种状态，在提供基本身体保护的前提下，服饰还兼具美观的作用。得体的衣着装扮能够给人留下良好的印象，现代心理学家甚至可以根据一个人的衣着细节判断出其性格特征。服饰是人类外在的表达，服饰搭配也是人们最常见的生活现象，每个人对当天所要穿着的服饰进行组合时，就是完成了一次潜移默化的服饰搭配过程。

　　服饰搭配艺术是一门关于服饰形象的整体设计、协调、配套的艺术，它不仅仅指服装，而且还包括配件、首饰、发型、化妆等因素在内的组合关系，并与服饰的穿着者、周围环境等因素密不可分。服饰搭配不仅仅是对个人服饰形象的塑造，还涉及设计、营销、展示等多个领域。服饰搭配艺术是服装及其相关专业学生的必要技能，该课程的学习有助于学生理解服饰美的内涵，更好地设计美、创造美；通过妥善运用服饰搭配技巧，巧妙地展示美，并将之进行推广，使更多的人接受美。

　　因本人能力有限，书中难免有不足之处，恳请读者指正！

编著者
2008年11月

教学内容及课时安排

章/课时	内容类别/课时	节	课程内容
第一章 （8 课时）	基础概念 （8 课时）		● 概论
		一	基础概念
		二	服饰搭配与服饰审美
第二章 （16 课时）	实践与应用 （56 课时）		● 服饰的搭配与款式要素
		一	色彩的布局与搭配
		二	面料的选择与组合
		三	款式造型的选择与搭配
第三章 （8 课时）			● 服饰与人体的关系
		一	款式的选配与人体美
		二	服饰搭配与个人形象构建
第四章 （12 课时）			● 服装与服饰配件搭配
		一	服饰配件的特性与分类
		二	服饰配件的产生、发展及配饰特征
第五章 （12 课时）			● 服饰搭配与环境因素
		一	服饰形象塑造与环境因素的关系
		二	社会环境背景下的服饰搭配
第六章 （8 课时）			● 服饰的搭配与风格
		一	服装风格概述
		二	服装品牌与风格
		三	服装品牌风格与服饰搭配艺术

注 各院校可根据自身的教学特色和教学计划对课程时数进行调整。

目录

基础概念 ··· 001

第一章 概论 ·· 002

第一节 基础概念 ·· 002

一、服饰搭配艺术概念 ·· 002

二、服饰搭配的工作范围 ····································· 003

三、服饰搭配工作者应具备的基本素养 ············· 003

第二节 服饰搭配与服饰审美 ································· 004

一、基本的审美修养 ·· 004

二、服饰美的表现形式 ·· 005

三、服饰审美的特征 ·· 010

四、服饰审美的社会影响因素 ····························· 017

五、各种艺术对服饰审美的影响 ·························· 020

小结 ··· 022

思考题 ··· 023

实践与应用 ··· 025

第二章 服饰的搭配与款式要素 ······················ 026

第一节 色彩的布局与搭配 ···································· 026

一、服装色彩基础理论 ·· 026

二、服装搭配的色彩布局原则 ····························· 037

第二节 面料的选择与组合 ···································· 048

一、面料的基本种类 ·· 048

二、面料的性能与风格 ·· 049

三、面料的质感、视感的组合 ····························· 053

四、面料的二次设计创新 ····································· 060

第三节 款式造型的选择与搭配 ···························· 066

一、服装款式造型的基本内容 ····························· 066

二、款式造型与服饰搭配 ……………………………………………… 067

小结 ……………………………………………………………………… 068

思考题 …………………………………………………………………… 068

第三章 服饰与人体的关系 …………………………………………… 070

第一节 款式的选配与人体美 ………………………………………… 070

　　一、服饰美与人体美 ……………………………………………… 070

　　二、根据不同的人体尺寸选择适体服饰 ………………………… 070

　　三、发型、化妆与服装的搭配关系 ……………………………… 076

第二节 服饰搭配与个人形象构建 …………………………………… 080

　　一、男性形象 ……………………………………………………… 080

　　二、女性形象 ……………………………………………………… 082

　　三、个人形象塑造的总则 ………………………………………… 084

思考题 …………………………………………………………………… 089

第四章 服装与服饰配件搭配 ………………………………………… 092

第一节 服饰配件的特性与分类 ……………………………………… 092

　　一、服饰配件的特性 ……………………………………………… 092

　　二、服饰配件的分类 ……………………………………………… 094

第二节 服饰配件的产生、发展及配饰特征 ………………………… 095

　　一、服饰配件的产生 ……………………………………………… 095

　　二、服饰配件的发展和配饰特征 ………………………………… 095

　　三、服饰配件与服装的搭配协调统一 …………………………… 120

小结 ……………………………………………………………………… 122

思考题 …………………………………………………………………… 122

第五章 服饰搭配与环境因素 ………………………………………… 124

第一节 服饰形象塑造与环境因素的关系 …………………………… 124

　　一、自然环境 ……………………………………………………… 124

　　二、社会环境 ……………………………………………………… 125

第二节 社会环境背景下的服饰搭配 ………………………………… 128

　　一、个体服饰与环境 ……………………………………………… 128

　　二、服饰群体形象的塑造 ………………………………………… 129

三、销售服装的展示与搭配 ···························· 130

四、表演服装的展示与搭配 ···························· 137

小结 ·· 140

思考题 ··· 140

实践题 ··· 140

第六章 服饰的搭配与风格 ····························· 142

第一节 服装风格概述 ································ 142

一、服装风格定义 ································· 142

二、服装风格分类及特点 ···························· 142

三、各具地域文化特征的现代服装 ······················ 146

第二节 服装品牌与风格 ······························ 149

一、设计师与服装品牌风格塑造 ························ 149

二、著名服装品牌及其风格 ··························· 150

第三节 服装品牌风格与服饰搭配艺术 ···················· 155

一、相同或相似品牌的服饰搭配 ························ 155

二、混搭 ·· 158

小结 ·· 162

思考题 ··· 162

参考文献 ·· 163

基础概念——

概论

课程名称:概论

课程内容:基础概念

　　　　　服饰搭配与服饰审美

课题时间:8 课时

训练目的:使学生了解服饰搭配艺术的相关概念,对服饰美的表现形式、审美特征以及对服饰审美的影响因素有一定了解,并建立正确的服饰审美观念。

教学要求:1. 理论讲解。

　　　　　2. 根据课程内容结合实例,讲述服饰审美的影响因素,使学生产生更为直观的印象。让学生针对不同历史时期的典型服饰、探讨服饰美。

课前准备:预习本章节,并让学生收集不同时期的典型服饰图片。

第一章 概论

　　服装是人们为了生存而创造的物质条件,又是人类在社会生存活动中所依赖的一种重要的精神表现要素。服装具有来自生理方面的物质性以及心理方面的精神性。服装是人们生活中不可缺少的一种状态,对现代的文明人而言,如果生活中取消这种状态,就会造成生活的混乱,甚至无法生活下去。衣着服饰在人们的生活中占据了举足轻重的地位,五花八门的流行专题节目、报道,琳琅满目的服装品牌,在丰富了人们日常生活的同时,也带来了新的课题:身为消费者,如何用服装更好地装扮自己。身为服装设计人员,如何更好地设计、搭配服装来美化人们的生活。身为服装销售行业的人员,如何对卖场的服装进行搭配以及出样,使之更好地体现品牌的理念,并提升销售量。

第一节 基础概念

一、服饰搭配艺术概念

　　所谓服饰搭配艺术,即"Fashion Coordination",含有搭配、调配之意,是指服饰形象的整体设计、协调和配套。服饰搭配艺术既与服饰本身有关,又与服饰的穿着者、周围环境等因素密不可分。总体而言,服饰搭配艺术包含了服装款式要素、服饰配件要素、个人条件要素、环境要素、时间要素等,这些要素相互交错,影响着整体的着装面貌(表1-1)。服饰搭配艺术包括了衣服、配件、首饰、发型、化妆等因素在内的组合关系,而且这其中涉及造型、色彩、质地肌理、纹饰、气味等诸多因素。

　　服饰搭配艺术是一门综合性的艺术,其不仅仅是服装及饰品的组合表现,更重要的是,服饰搭配美具有一定的相对性,脱离了一定的环境、时间的背景,脱离了着装的主体,是无所谓服饰搭配美的。

表1-1 影响服饰搭配的因素分析

影响因素	要点分析	
	包含内容	在服饰搭配中的作用
款式要素	色彩、材质、款式	色彩能够给人以先声夺人的第一印象;材质即服装的面料,即使是同样的款式,选择不同的面料,会形成不同的风格效果;款式包括服装的造型、造型的比例以及细节设计等因素,服装的色彩与面料最终都要通过这个形式表现出来

续表

影响因素	要　点　分　析	
	包含内容	在服饰搭配中的作用
配件要素	即"Accessory",包括鞋、帽、伞、首饰等一系列与服装相关的因素	服饰组合搭配对服装主体起着烘托作用,服装与服饰配件之间的关系是相互依存而发展的,不可避免地要受到社会环境、时尚、风格、审美等诸多因素的影响。服饰配件在服饰中起到了重要的装饰作用,它使服装的外观视觉形象更为完整,通过配件的造型、色彩、装饰等弥补了服装某些方面的不足
个人条件	个人的形体、肤色等相关生理特征	个人是服饰的载体,只有服饰适合于人体时,才能够真正体现和发挥服饰本身的美,同时也美化与衬托了穿着者
环境要素和时间要素	即着装的地点、时间的范围限制	环境要素与时间要素紧密相关,时间和地点是人体着装的大背景,不同的时间、不同的地点,对着装的要求不同

二、服饰搭配的工作范围

从服饰穿着的人群数量来区分,服饰搭配包含个体的服饰搭配及群体的服饰搭配。如:个人服饰搭配指导、商品销售的示范性静态展示等属个体服饰搭配;而制服设计、亲子装、情侣装的搭配则属群体服饰搭配范畴。

从服饰展示的环境状态区分,服饰搭配还可以有静态及动态之别。如:服饰销售的出样陈列、时尚资讯的平面服饰搭配等属静态服饰搭配;出于不同目的的服饰表演搭配属于动态搭配。

三、服饰搭配工作者应具备的基本素养

服饰搭配师的工作贯穿于时尚业的各行各业,无论从事何种具体行业,服饰搭配者从事的都是创造美的工作。总体而言,服饰搭配工作者应具备以下基本素质:

(一)基本的审美素养

审美素养是指个体按照一定时代、社会的审美理想自觉进行审美心理的自我锻炼、陶冶、塑造、培育、提高的行为活动,以及通过这些行为活动所形成或达到的审美能力和审美境界。一个人具有相当的审美素养,就会以较高的审美能力、健康的审美情趣,去选择和接受审美对象,获得丰富的审美感受。

审美素养由审美观念、审美趣味、审美判断力等构成。审美素养是人文修养的内容之一,加强审美素养是提高人文修养的一个重要方面。

加强审美素养,要从培育审美观念入手,这就需要加强学习。要多听,利用各种机会、各种形式,系统地学习美学理论,弄清美的范畴、本质及形态等美学基本原理。

人的审美趣味受人的精神境界制约,因而有健康与病态或高尚与低级之分。加强审美修养,应从培养健康生活情趣入手,提高审美趣味。要多培养高雅的情趣,减少庸俗的爱好。

人的审美修养应从文学、历史、艺术及美学等多个方面加以积淀。通过文化素养的提高,人们具有鉴赏事物美的能力,获得赏心悦目的审美享受。

通过参加艺术活动,增强审美判断。审美判断指对美的对象的理解辨别和评价能力,它显示出判断主体的思想境界、理论深度、审美阅历、鉴赏水平等方面的素质。提高审美判断能力,需要多参加各种艺术表演、鉴赏活动,这是加强审美判断能力的重要途径。

(二)服装专业相关知识

服装是服饰搭配的载体,服装专业知识包含服装色彩、面料、结构、工艺、营销等相关知识。

以色彩为例,色彩是人类视觉中最响亮的语言符号,在设计中具有独到的传达、识别与象征作用。色彩是服装的重要组成部分,色彩知识也是服饰搭配设计师应具备的基础素质之一;再如,服装由面料制作而成,作为服装三要素之一,面料不仅可以诠释服装的风格和特性,而且能够直接左右服装的色彩、造型的表现效果。不同材质的搭配组合对整体服装风貌可以起到导向性的作用;服装的款式变化需要通过结构的分解来完成……

(三)对时尚的敏锐感

时尚,即"Fashion",从古至今,时尚一直流行于世。它存于每个人的生活,挂在众人的嘴边。可以说,时尚,影响着每个人以及其生活的方方面面。时尚就是在特定时段内率先由少数人尝试、被预认为后来将为社会大众所崇尚和仿效的生活样式。时尚不同于流行,流行是大众化的,而时尚相对而言是比较小众化的,是前卫的。服饰搭配对大众的流行具有指导性的意义,服饰搭配师应站在流行的前沿,要具有时尚敏感度。

第二节　服饰搭配与服饰审美

服装通过色彩、面料、造型等元素表现其独特的视觉美感,人们对于服饰美的认识因时间、空间等因素的变化而变化。

一、基本的审美修养

服饰搭配艺术是以美为前提的,没有相当的审美修养就没有服饰搭配艺术。何谓美?服装作为一门生活艺术具有明显的美学特征,但是把握这个问题却并非易事。首先,美学理论一直被认为是一种"玄学"、"贵族文化",它属于哲学范畴,非常人能理解。其次,关于美的定义至今还没有定论。然而,这并不影响人们对美的探讨和研究,人们从各个方面、各个角度及各个层次和深度上,探寻着美的无穷无尽的魅力。美感作为一种特殊的认识和把握世界的方式,和其他认识方式一样,也是以感性认识为基础的。在审美时,人们必须首先以形象的直接方式去感知对象。即美感是以形象的直接性方式来进行的。这是因为,审美对象都有一定的感性形象及外部特征,人们只有通过这些外部特征才能体验美的形象。服饰艺术中,服装的款式、色彩、质感、肌理、线条、构成关系等直接的感知或表象以生动具体的形象表达着服装的美感。

二、服饰美的表现形式

世界上没有"没有形式的内容",也没有"没有内容的形式"。形式与内容是同一事物的两个方面,不可分离。人类在审美创造的过程中,运用并发展了形式感,并从大量美的事物中归纳概括出相对独立的形式特征。这些具有美的形式的共同特征被称作形式美法则,形式美法则是事物要素组合的原理。形式美法则在服饰艺术中是无处不在的。例如,在服饰搭配艺术中,单件的服装、饰品是其组成的基本要素,按照一定的色彩规律、款式细节、风格特征等组合之后,以整体的形象表现出来。可以说形式美法则是服饰搭配艺术的内在规律,没有形式的表现就没有服饰搭配的美感。

服装设计是一种自由的创造,在自由创造的过程中,设计师赋予了服装以美的生命,并给人以愉悦的感受。服饰美是一种具有感染力的形象,通过形式美予以表现。

(一)服装中蕴涵着形式的美感

服装的形式美即服装的外观美。服装的遮体、御寒等实用功能具有相对的稳定性,对绝大多数人的意义几乎是一致的。而服装的外观美则具有很大的可变性,不同时代、不同民族、不同着装个体对此都有不同的要求。因此,服装的外观美是服装设计者必须认真研究的课题。美的事物大都有具体可感的个别形象。形象犹如美的载体,离开了形象,美的生命也就无从寄托。服饰美首先表现为形式上的美感。服饰美的形象离不开色彩、线条、形体等感性形式,只有通过和谐的感性形式、组合并作用于人的器官才能给人以美的感受。

形式美是指客观事物外观形式的美,是指自然生活与艺术中各种形式要素按照美的规律组合而成所具有的美。在美学上有人把形式美分为外形式和内形式。外形式是指客观事物的外形材料的形式因素,如点、线、面、形、体、色、质、光、声、动等,以及这些因素的物理参数,如线的长短、粗细、曲直、虚实,色彩的明度、纯度与色相,质感的光滑与粗糙,厚重与轻薄,如成衣的长短宽窄,服装的廓型、面料以及纹饰的色泽肌理、局部结构的形状等。内形式是指运用上述这些因素按照一定规律组合起来,以表现内容完美的组织结构,如对称、平衡、对比、衬托、点缀、主次、参差、节奏、和谐、多样统一等。内形式又称为造型艺术的形式美法则。

服装的形式美与其他艺术设计中的形式美有许多共同之处,都存在对称、均衡、节奏、韵律等美的规则,但又具有一定的特殊性,即不论是服装上线条的分割,还是服装廓型的选择、抑或是色彩的布局,都要符合服装的特性。形式美法则体现在服装的造型、色彩、肌理以及纹饰等多个方面,并通过具体的细节(如点、线、面)、结构、款型等表现出来。

(二)服装中形式美感的表现(表1-2)

表1-2 服装中常见的形式美及表现

服装中的形式美	服装中常见表现形式
对称与均衡	服装的色彩、廓型、部件细节处理
对比与调和	服装上线的曲直、点的大小、色彩的冷暖色调以及服装的比例与尺度等
节奏和韵律	表现形式多样,如面料色彩的冷暖交替节奏、花纹图案的重复出现形成的反复节奏等
和谐	形式美的最高准则,在服饰搭配艺术中无处不在

1. 对称与均衡

对称与均衡是服装形式美最基本的表现方式。所谓对称是指在视觉艺术中,两边的视觉趣味中心均衡,分量是相当的。对称是一种绝对平衡的形式。在用对称形式构成的服装中,均可以找到一个中心点或一条中轴线,当中心或是中轴两边的分量完全相当的时候,也就是视觉上的重量、体量等感觉完全相等时,必然出现两边的形状、色彩等要素完全相同的状态,也就形成了规律性的镜面对称。

因为人体本来就是对称的,出于人们对于上下、左右对称的视觉以及心理惯性,在服装上往往也是以对称作为主要的形式,以求获得一种视觉上的稳定感。在服装的廓型乃至细节的布局上,无不显示着对称与均衡之美。如服装上分割线的布局,口袋和纽扣的处理多以对称的形式出现,尤其是男性正装的设计,简洁的对称感可以更好地体现出男性沉稳、干练的性格特征。

(1)对称。服装上常见对称形式有三种,如图1-1所示。

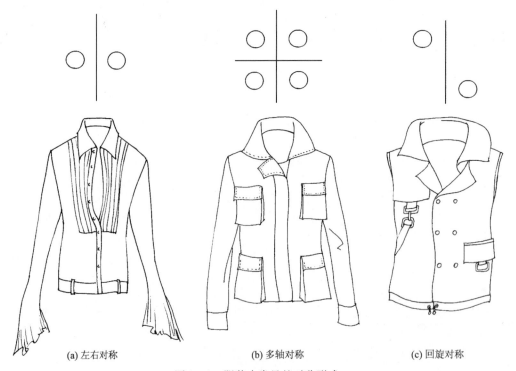

(a) 左右对称　　　　　　(b) 多轴对称　　　　　　(c) 回旋对称

图1-1 服装中常见的对称形式

①左右对称,也称单轴对称。它以一根轴线为基准,在轴线的两侧进行造型的对称构成。由于人体就属于这种单轴对称,因此,作为人体的附着物,服装的基本形态也多采用这种对称形式。单轴对称的服装,左右两边的形式因素相同,这种形式的服装具有朴实、安定感,但有时也会显得简单、缺乏生气,在视觉上因过于统一而显得呆板,所以在局部做些小的变化可以弥补这一缺点,如色彩、不同的面料质感、相拼等方面的变化。对称的服装显得端庄、爽直,最适合应用在正式的西装上衣或上班用的业务型服装上。为了避免过于拘谨,可在面料肌理、色彩装饰上加以变化,使服装款式在稳定可信的基础上,增添几分生机与创意。

②多轴对称。它是在服装的轮廓平面上,以两根或两根以上的轴为基础,使分布在它们周围的形式因素相等或相近,这种形式不仅左右的形对称,而且上下、对角的形对称,整体效果显得更为严谨。例如,双排扣西装,纽扣的配置就属于双轴对称。这种横平竖直的对称,更加增添了服装的正规感。

③回转对称。回转对称可以理解为,在服装的轮廓平面内,以某一斜线为对称轴来安排造型要素:在服装轮廓的平面上,对称以一点为基准,相同的形式因素以中心点为轴,旋转后才能重合,其构图呈S型,所以整体有运动感,这种形式设计的服装较前两种对称形式活泼。回转对称的表现形式彻底打破了横向对称的呆板情调,大大超越了单轴的横向对称,加之人体的运动,整体的服装印象动感很强,常传达出活泼、休闲、舒适、生活化等意味。

(2)均衡。均衡也称为平衡。它是指在造型艺术作品的画面上,不同部分和造型因素之间既对立又统一的空间关系,是在非对称的状态中寻求基本稳定又灵活多变的形式美感。在审美和艺术创作中,人们通过视觉和心理能感受到形体、色彩、材料的分量。如较大的形体、较暗的色彩、较坚实的材料会比较小的形体、较明亮的色彩、较蓬松的材料显得重。通俗地讲,均衡即左右不对称,却能获得视觉上、心理上的平衡感。

均衡的最大特点是支点两侧的造型要素不必相等或相同,它富有变化,形式自由。均衡可以看成是对称的变体,对称也可以看成是均衡的特例,均衡和对称都应该属于平衡的概念。均衡的造型方式,彻底打破了对称所产生的呆板之感,而具有活泼、跳跃、运动、丰富的造型意味。图1-2是均衡在服装上的表现,虽然左右两边的造型要素不对称,但在视觉上却不会产生失去平衡的感觉。

图1-2 均衡在服装中的表现

均衡的造型手法常用于童装设计、运动服设计和休闲服设计等,常常通过门襟、纽扣、口袋、图案及其他装饰要素来实现既有变化又有秩序的组合构成关系。它的突出特点是既有整齐又有变化,形成不齐之齐,无序之序的艺术效果。不对称的设计不容易创作和掌握,但均衡造型中的线条设计富于变化、流畅柔和,显得活泼、华丽,可获得新颖别致的艺术效果。

2. 对比与调和

对比与调和的规律通过服装上线的曲直、点的大小、色彩的冷暖色调等不同,在增强彼此各自特性的同时,使两者的相异性更加突出,以达到装饰的目的。同时,对比规律还体现在服装的比例与尺度上。比例和尺度是和数相关的一种定量的特征,是局部与整体之间尺寸的对比关系,在服装中往往体现在上下装的长短、服装的胖瘦宽窄、口袋的大小和位置的高低等多个方面。没有对比或是对比过度的设计都是失败的,要避免这样的失败,就要在对比的事物中加入一定的调和要素,以求在减弱对比矛盾的同时形成一种调和的美感。

(1)比例与尺度。服装的比例规律表现在两个方面。

①服装造型的比例需得当。如果服装的长度与围度之间的比例不同,会呈现出各种不同的造型艺术风格。如六十年代红极一时的时尚代表玛丽·奎恩特开创了服装史上裙下摆最短的时代,她所倡导的"迷你裙",虽然只是把裙长缩短到了膝盖以上,在当时却引起了轩然大波,被认为是伤风败俗。此外,领面的宽窄比例,贴袋的长宽比例,腰节线的高低比例,分割线的位置比例等,都事关一件衣服的造型是否协调美观。最后,装饰物与人体及服装之间也存在比例问题。一些常见的服饰品耳坠、项链、伞、帽、包等,以及服饰图案的大小,都应与人体和服装形成良好的比例关系。

②服装的比例要配合人体的比例。即服装穿着需合体。太大或是太小的服装不仅外观不美,且着装的舒适性也大打折扣。在选择服装时,要使其能够对于人体比例不够理想的部位进行修饰。生理条件因人而异,有的人颈部较短,有的人臀部较大,有的人下肢不够长等,这些都可以通过服装款式的选择在视觉上进行修正。如腰节线的适当提高可以拉长下肢的长度感,V领可以使颈部显得修长……服装款式选择对人体的修正关键就在于利用了视错觉现象,以求达到更好的视觉效果。

提及比例,不能够不提及黄金分割比。黄金分割比的尺度关系是服装中常用的一种比例手法。黄金分割比是指将一个线段分割成长短不同的 a(长段)和 b(短段)时:

$$\frac{a+b}{a} = \frac{a}{b} \approx 1.618$$

其中1.618是约数,如果用几何作图,可以得到边长为1:1.618的黄金矩形。这一比例在艺术设计中得到了较多的使用,黄金分割比也被认为是最能够获得美的视觉感受的比例之一。如果以未着装的人体肚脐为分界,大的部分为1,小的部分为0.618,这样的人体形态就是最完美的。断臂的维纳斯被誉为美的典范,原因之一就是符合了这个美学比例。体现在服装上,腰线的设计定位决定了上下身的比例关系,如何在服装设计中巧妙运用黄金分割比,是设计中对比与调和规律运用的一个重要手段。

总体而言,构成服装外观形式的各因素内部也应保持良好的数量关系,黄金分割和接近黄金分割的比例关系均可运用于服装。衣领的大小、口袋的面积和位置，领带、腰带的长短，分割线、装饰线的确定，用单独图案点缀服装，图案在服装上的位置，均应注意比例原则的运用。

（2）主次关系。对比与调和关系的协调离不开主次关系的得当。所谓"主次"，又称为"主从"或"主宾"。主次关系的处理可以体现在服装的多个方面，又以色彩最为典型。在一套服装设计的造型或组合中，为了突出表达艺术主题，通常在色彩、块面及装饰上采用有主有辅的构成方法。如一种主色，一个主点，一个主要装饰部位，一种主要质感的面料等。根据造型要素的视觉作用，可以将其分为主要素、辅助要素及点缀要素。如一套服装配搭中，以大面积的 A 色为主要色彩，以 B 色为次面积的辅助色，再以 C 色的小型耳坠作色彩点缀，就构成了主要素、辅助要素及点缀要素和谐统一的主题。图 1 - 3 中，与服装呈对比色的帽子起到了画龙点睛的作用。

图 1 - 3 服装与配件色调主次分明

3. 节奏和韵律

节奏和韵律在原理上与音乐以及诗歌有着相通之处，节奏是指一定单位的、有规律的重复形体运动的分节；韵律则是既有内在秩序又有多样性变化的复合体，是重复以及渐变节奏的自由交替。

节奏和韵律在服装上的表现形式多种多样。节奏能增强服装的艺术感染力。相同的点、线、面、色彩、图案、材料等形式因素在同一套服装中重复出现，能产生节奏感，并因重复出现的形式不同，产生的效果也不相同。

（1）机械的重复。机械重复是重复出现的形式因素不发生任何变化，引导视线作机械的反复。如：百褶裙的褶，一窄一宽或二窄一宽，每次重复出现时均不发生变化。特点为完全相同的图案、完全相同的色彩等其他形式因素在服装上机械地重复出现均能产生节奏，这种节奏比较文静、朴实，有时也会因为缺少变化显得生硬。

（2）变化的重复。它是指某种形式因素在重复出现时产生一定的变化，引导视线做有规律的跳动。如：斜裙下摆的褶纹，其宽窄、大小、间距在重复出现时已产生变化，但仍保持相似的特点。其特点为长短不齐的线、大小不同的点或面、色相相同明度不同的色彩等其他形式因素经过适当处理，反复出现，均可产生节奏，这种由变化重复产生的节奏比较活泼，动感较强。

（3）渐变。渐变是某种形式因素在重复出现时按等比或等差的关系渐渐增强或渐渐减弱,引导视线朝某一方向滑动。如:色彩逐渐变淡的长裙,裙子的色相虽然没有变化,但纯度逐渐减弱,而明度逐渐提高。特点为以色相的变化体现色彩的渐变,如大红－橘红－橙－橘黄－黄;红－灰红－灰等,除色彩以外,形体从大到小或从小到大,线条从粗到细或从细到粗的渐次推移,均可产生圆润而舒展的美。

图1－4、图1－5分别为面料色彩的冷暖交替节奏、花纹图案的重复出现形成的反复节奏。又如服装结构线的交错节奏、各部位的体积节奏等,节奏和韵律的形式美规律的运用,使服装的造型显得更为生动。

图1－4　服装色彩的节奏　　　　　　　　图1－5　服装图案的节奏

4. 和谐

和谐是形式美的最高法则,一切的形式要素无论采取怎样的表现形式,最终都要符合和谐的法则。服装艺术中从色彩、面料到款式,无处不包含着和谐的因素。

服饰搭配时,以形式美的理论来对照设计,可以对掌握服饰搭配的美感具有一定的启示作用。服饰搭配设计是一种创造性的活动,设计者深谙服饰美之道,巧妙运用形式美法则,创造出美的服饰形象,这就是服饰搭配艺术的本质所在。

三、服饰审美的特征

（一）服饰审美的个性

服饰审美具有个性化的特点。美学家曾经说过:"有一千个读者,就有一千个哈姆雷特。"审美的个性化特征,即不同对象在面对同一服饰形象时,作出不同的审美判断。这是由于个人不同的心境,不同的经历、学识和情感个性,获得不同的审美意味和理解。

1. 个人的审美修养离不开时代背景的约束

由于人的社会生活受到特定时代的物质生活条件及社会形态的影响与制约,从而形成各自的审美理想、审美观念、审美趣味以及流行和爱好等,在美感上就表现出不同时代的差异性。个人的审美修养不能够脱离时代背景而独立存在,不同时代背景,人与人之间的审美标准是不同的;即使是同一个人,在不同的时期,其审美的衡量标准也会存在很大的差异。很多人往往有这样的经验,当打开自己过去某一阶段的照片时,会觉得当时自己的服装很"土",可见同一个个体在不同的阶段对于服装美的认识是会随着时间的变化而变化的,服装美和其他所有的美一样依托时代背景而存在。

（1）不同的时代、社会、国家、民族和社会阶层的历史背景,造就了服装美的不同形式与内容。审美具有时代背景,不同的社会环境,不同的政治制度,形成人们不同的审美观。从人类拥有服饰文明开始至今已有数千年的历史,探析服装沿革的脉络,东西方现今的服饰都与过去产生了巨大的变化,这也是人类服饰审美标准不断变化的有力佐证。例如我国的仕女画反映了不同时代的审美风尚,唐代以丰肥丽质为美（图1-6）,明清时期则以纤弱清秀为美,这形成了两种迥异的风格。西方18世纪时期的洛克克式女装,极尽奢华,装饰繁复,紧束胸衣的使用甚至背离了人体基本的生理舒适的要求,仅仅追求形式上的美观;而20世纪90年代,服饰界掀起了崇尚自然的潮流,宽松、休闲的服饰流行一时。从中西方服饰风尚的演变可以看出审美观念是有历史阶段性的,它受到时代审美趣味等因素的影响,因此审美观念具有时代性和动态变化的特点。服装审美的价值观念是时代的影子,随着时代的变迁而不断更新,每一个时代都有一个特定的流程。只有认识到审美标准是一个历史范畴,审美差异是一种历史客观存在,才能够跟上时代的潮流,使服饰艺术创作符合时代的实际需要。

图1-6　以胖为美的唐代贵妇

时代不同人们的审美观不同,而且地域的不同也会造成人们审美观的不同,小到农村和城市,我国的南北方,大到东西方国家,人们对审美有着不一样的看法。如龙是我国的吉祥物,我们都自称是龙的传人,但在西方国家龙是凶狠的象征;蝙蝠谐音"福",在我国是吉祥的动物,可在西方蝙蝠却与吸血鬼联系在了一起。如此种种,不胜枚举。可见地域的差异、文化背景的差异,人们的审美趣味和审美理念也不尽相同。

无论时代如何变化,不同时代不同地域都会有自己的根性、自己的特色,独有的地域风光,独特的民族风情,独存的传统文化,所以,在美的观念上,应该打破传统美学的一些行而上学的观点,转而从变化、运动和多层次的结构中对美加以解读。

(2)服装设计者的社会审美实践活动决定了其审美理念。社会审美实践使个人审美理念千差万别,但是个人的审美实践又依托于社会的共同实践。对于一个民族来说,他们长期生活在同一地域,作为一个社会群体形成了共同的传统文化和习俗,也形成了民族共同的审美价值观念,当服装作为审美客体时,就决定了服装欣赏和创作的民族特点,即服装的民族性。而不同的民族,由于生活的地域不同,地理环境、经济状况、生活习惯及民族性格和爱好各不相同,这些因素渗透在审美过程中,表现出不同民族的美感差异性。我国地域辽阔,南北地理条件、气候条件有很大的差异,人们对于服饰的喜好也有很大的偏差。如在西北黄土高原地区,一眼望去是成片的黄土,色调单一,这一地区的人们就偏爱比较鲜艳的服装色彩;而江南地区,山清水秀,人们对于服装的色彩偏好相对来说就淡雅一些……地理的差异造成了民族文化的差异,民族文化的差异使得民族心理结构不同,审美标准就不同,对服饰及人体美的艺术追求当然也不同。图1-7是用漫画表现的几个不同民族的典型服饰。

哈萨克族　　　　　　　　苗族　　　　　　　　　满族

图1-7　形式各异的不同民族的服饰

2.对服饰美的认识因人而异

对服饰美的认识因个人喜好、年龄、性别、职业、文化修养和经济地位的不同而有所区别。

(1)对于服饰美的认识因社会阶层的不同而相异。不同的社会阶层具有不同的心理和生理需要,它制约着对美的不同体验。文学家鲁迅先生曾说,"贾府的焦大是无论如何也不会喜欢林妹妹的"。这就是社会阶层对美欣赏层次的制约。具体来说,美感大都表现在一个人喜欢什么或不喜欢什么。服装设计中所说的设计对象的"定位",有针对消费者年龄阶层的定位,有针对不同经济收入的定位等,对不同经济收入的定位也就是对于社会阶层的定位。服装设计作为具有艺术创造特点的实践活动,必须研究各个社会阶层的审美情趣、生活背景及生活方式,才能做到有的放矢。

(2)个人生活的环境、经历、命运及文化修养等因素对服饰审美的影响。

①个人衡量服饰美的标准具有相对性。即使在一个社会阶层,消费能力相当,但每一个人的生活环境、生活经历、命运和遭遇以及文化修养和心境各不相同。这些差异决定了各人对服装美的标准的差异。英国的休谟第一个建立美学中的相对主义。他否认美的客观标准,认为美不是事物本身的一种绝对性质,而是仅存于观赏者的心理。各个不同的人能够看到各种不同的美,某人认为是美的,另一人可能认为是丑的。美是相对人的特殊心理结构而言的,总是从事物内部各部分之间和不同事物之间的比较关系中看出的,任何一种事物都可以在与其他事物的比较中或显得美或显得丑。

②个人的审美标准具有主观性。时代背景对于个人审美观点的束缚,个人喜好、年龄、性别、职业、文化修养和经济地位对个人审美标准的影响,从一个方面也说明了服装美具有主观性的特点。

主观性是指人通过生产劳动创造的美的产品中,熔铸进去的创造者的主观意识,包括人的审美感知、情感、认识水平、审美趣味和审美理想等。服饰艺术中,服装的设计熔铸了设计师个人对于美的理想。服饰的欣赏者在对服饰美进行鉴赏时,也以自己对美的标准来衡量服装。个人的主观意念在服饰美的判断过程中起到了极为重要的作用。就服饰搭配艺术而言,如何进行服饰的组合搭配,整体的服饰形式组合是否美观,是与服饰搭配者个人的审美思想符合的,一百个人为同一个模特进行服饰的配套设计,就会有一百种不同的服饰配套组合方案,每个设计者都会按照自己心目中对于美的理解来进行设计与规划。

另外,对于服装美的认识还会因个体当时的心理状态即情绪因素而不同。所以,要培养良好的审美感觉,就要不断提高自己的文化知识和修养,也要注意美化自己的物质生活环境,不断培养良好的审美心态。

(3)个体与群体之间的审美标准具有差异性。

①个体与群体之间审美标准的差异存在于方方面面。调查显示,多数服装专业的毕业生在刚刚进入服装设计工作领域时都曾经有过这样的困惑,设计的服装自己喜欢的款式销售业绩不佳,销售业绩佳的款式自己不喜欢,这就是对服装美的认识在个体与群体之间的差异。就服装设计师而言,设计的作品能否受到消费者的喜爱是其成败的重要衡量要素,单纯以自我审美意识为借鉴的设计师是难以得到市场认同的。成功的服装设计师能够准确把握消费者的心态,规划款式、定位风格。

现代发达的通信增加了人们之间更多交流美的感受的机会,建立了更多沟通的平台,如在网络上常常可以看到一些网友对影视、戏剧的服装予以评价,甚至还评出了诸如“十大最可笑戏剧服装”、“最不会穿衣的十大女明星”等排名,这就是个人审美与社会群体之间差异所引发的讨论。在这里,影视、戏剧的服装设计不仅是个人审美观点的问题,而且是服装的外观是否能够符合广大观众审美标准的问题;明星的着装也已经不再是仅仅依靠个人的喜好所左右,而要更多的关注与他人的审美标准能否产生共鸣。同时,在服装设计过程中,还要综合考虑服饰审美的主观性与着装者着装客观环境之间的关系。设计师在设计作品时除了充分发挥自己的主观能动性、开发灵感、创造风格、形成独树一帜的艺术品位外,在整个设计过程中,又必须要设身处地地替消费者考虑穿着时的人文环境。

②个体的着装不可无视于群体的审美标准。虽说"穿衣戴帽,各有所好",但是人类的穿衣行为从来不可以无视他人的存在,甚至有时是为了博得他人的认可而穿衣打扮的。衣着得体,根据场合选择服饰种类,是服饰搭配的基本礼仪。忽视了这一点,有可能就会造成"失礼"。

(二)服饰审美的共性

1.人们对于美的事物的认同具有共性

人生活在社会之中,并结为不同紧密程度的群体。这些群体由于具有某种相近或相同的审美观点、审美标准和审美能力,而对同一审美对象产生某些相通或相同的审美感受,以及由此得出的某些相通或相同的审美判断和审美评价的现象,就称为美感的共同性。美感的共同性也叫美感的普遍性,它表现在同一时代的民族、阶级、阶层之中,也表现在不同时代的民族、阶级、阶层之中。审美的共同性对于自然美、产品外观造型美以及艺术形式美等不具有强烈鲜明社会内容的审美对象的审美评价,表现得尤为普遍和显著。

"艺术无国界",个人对于美的感受虽然具有个性差异,但是人们对于美的事物的认同是具有共性的。审美是人类的共同特点,在漫长的历史文化长河中,人们创造了很多跨越时空的美。原始人在岩壁上画的壁画以及后来的彩陶纹样,至今仍能散发出美的光芒;美丽的大自然,雄伟的高山,汹涌的大海,浩如烟海的苍穹,辽阔的大草原,奔腾的江河,幽静的湖泊,茂密的森林,美丽的鲜花以及飞禽走兽,都能引起人类的美感。作为人类生存不可或缺的状态,服饰有基于人类整体文化的特点,因此不同的民族、地域、国家,服饰上也有着某些惊人的类似,如男式服装推崇阳刚、庄重,而女性服饰则倾向于温柔、优美。因为直至20世纪之前,男性一直是创造财富的开拓者,其形象因而伟岸;女性一直处于男性的从属地位,在男权社会的要求下,塑造自己温顺体贴的形象。工作服装要求严肃性,休闲服装就很随意,宴会礼服则需要高贵优雅,这是不论哪一个国度,工作、休闲、宴会等环境都相似的服饰规则,如图1-8所示。不论何种服饰艺术,和谐、对称、统一、对比、均衡、曲直、刚柔、主次、点缀等形式美法则以及光、色、音响、气味诸多要素,都是服饰给人产生美感的可能性要素。服饰审美的共性穿越了时间、地点等客观条件的制约,在服装的舞台上,一些著名服装设计师,如夏奈尔、迪奥、伊夫·圣·洛朗等所设计的作品,得到了人们的一致认可,虽经过时光的流逝但仍不减其魅力。

图 1-8　休闲的生活装与优雅的晚礼服

2.人们审美认识的个性具有向共性转化的可能

以先锋艺术在服饰中的体现为例：先锋艺术的先锋性就在于它违背了人原本的知觉模式，因此，一开始是不被人理解和接受的，但在长期不断地刺激下，人的知觉模式就能逐渐适应它，先锋艺术也就失去了其先锋性。如 19 世纪中期，美国一位女记者率先摆脱掉繁复的裙子，穿起马裤，在当时被视为反叛，这一装扮一度被视作"女同性恋者"形象。面对现代艺术领域涌现出的形形色色新的艺术流派，甚至引起了对于何谓"美"定义的重新探讨，如何加以判断与分析，仍需以时间为检验的标准。

(三)服饰审美的交融性

服装是文化的一种表现形式，具有某种文化特征，文化的交融必然带来服饰艺术的交融，服饰美具有交融性的特点。服饰美的交融性体现在时间上的交融与空间上的交融。

1.服饰美在时间上的交融性

服饰美在时间上的交融性主要体现在对传统文化的传承上。

服饰美具有时代性，服饰艺术的创作离不开传统艺术的影响。我国具有悠久的历史，历史给予我们的文化积淀是浑厚而深远的，虽然随着时间的流逝，传统文化不可能被复制在历史的舞台上,但是它们往往为现代设计师设计提供灵感的源泉。图1-9为著名服装品牌Christian Dior 的晚礼服,东西方元素被完美地结合在一起。著名设计师皮尔·卡丹曾多次从古老的东方艺术中汲取灵感,创作了大量具有东方神秘气息的作品。服饰美的历史交融是一个复杂的网络,在它发展的前后存在着古今中外交叉易位的承继,这种承继往往能够给人有面目一新的新颖之感。这种时间上交融的例子很多,如现代日本女性穿着的和服,就是对中国唐代妇女服饰的继承与发展。

2. 服饰美在空间上的交融性

服饰美在空间上的交融性往往表现在不同地域、不同民族、不同国家之间服装信息的传递,相互汲取灵感,相互模仿,也表现在东西方艺术相互的影响与交融上。

服饰的交融在古已有之。中国古代的服饰曾经影响过欧洲,公元前5~6世纪,中国的丝绸传入西方,丝绸的服装曾是古罗马贵族们引以为豪的时尚。中国也吸取了大量外来服饰的文化因素,如自汉唐以来,中国服饰受到波斯以及西域文化的影响,出现了中亚、西亚流行的纹样和纺织工艺。图1-10唐代连珠狩猎纹具有西亚风格,是服饰文化因素交融的成果。又如中国战国时期赵武灵王(公元前325年~公元前299年)的服饰改革,命令军队改着胡服以便于作战,就是一次典型的服饰文化交流的例子。再如明朝向清朝的过渡,虽然清

图1-9　Dior以中国元素为灵感的设计　　图1-10　具有西亚风格的唐代连珠狩猎纹

朝的统治者为满族,满族视"服制者,立国之经",在建国之初就大力推行满族服饰,甚至采取了"留发不留头"的残酷政策,清代以服饰之罪处死的人数恐怕是历朝之最,但是清朝统治者还是在服饰制度上保留了很多明代服饰的元素,如十二章纹的使用、官服上补子纹样的继承等。

3. 当代的服饰具有时间与空间交融的双重性

当代社会,世界各国经济文化交流广泛,服饰艺术的相互交融日益加剧,东西方服饰审美观念也相互影响。中国旗袍等传统服饰由于能够很好地体现女性优美的身体曲线,为不少西方女性所喜爱,一些绣、绘有中国传统纹饰的服装往往是西方女性来中国旅游时首选的购买物件;西方的服饰元素也为我国服装设计师们所大量采用,如2005年"波西米亚"风在我国时尚界的盛行就是一个典型的范例。现代社会通讯的发展,为服饰文化的交流提供了平台,最新的流行动态、流行色动向、新的款式,在短短数个小时之内就可以传向世界各地。时装的流行大致是从巴黎出发,先推广到西欧、北欧,而后流行到东欧以及中国香港市场,再传入中国大陆,因此现代服装的款式很为相似,流行服饰普遍地吸取各国的服饰特点,装饰人体的服装审美趣味已经体现出合流的趋势。可以这样说,当代的服装款式是东西方文化交流的成果,这种融合不仅仅是形式上的兼并,还是文化上的融会贯通,是更加自觉地把突出人体美与追求美的精神意蕴相结合,在这个基础上进行创新,力求把人体的魅力与装饰的风格更好地结合。

四、服饰审美的社会影响因素

服装是社会的镜子,社会因素包括政治、经济、科技、文化等方面。服装受文化传统以及时代特点的制约,随着经济、政治、科学技术的发展而变化。文化间的传承与交流在前面已经进行了一定的叙述,这里要提及的是,政治、经济、科技等因素在激发服装设计灵感的过程中起到的作用也是至关重要的。在政治、经济、科技因素的影响下,人们关于服饰的审美观念也会产生相应的变化。

(一) 政治

政治对于服装的影响由来已久。人类服装文明,自走出了唯一以实用为目的的时代以后,它的功能就复杂了。尤其在中国,自古,服装制度就是君王施政的重要制度之一。在中国古代,服装是身份地位的象征,是个人政治地位和社会地位的标志,要按照个人的身份来穿着,否则是要受到严厉处罚的。自古国君为政之道,服装是很重要的一项,服装制度得以完成,政治秩序也就完成了一部分。我国早在周代就产生了比较完整的衣冠制度,自天子至大夫到士卿,服饰各有区别。至魏晋时期,王公贵族虽然"服无定色",但是仍有八品以下不得着罗、纨、绮等高级丝绢织物的规定。唐代是最开放的年代,但从唐高祖李渊起就正式颁布衣服之令,对皇帝、皇后、群臣百官、命妇、士庶等各级各等人士的衣着、色彩、服饰、佩戴诸方面都作了详细的规定。总之,中国古代服饰的核心是等级制度,衣冠服饰是尊卑贵贱、等级序列的标志,任何人都不得僭越。

社会政治形势和重大事件在服装上最突出的体现是在服装色彩上。服装色彩有两大功能:一是区别身份地位;二是表示所处的场合。古代上至天子,下至诸侯至百官,服装的色彩都有着详细的规定。众所周知,明黄在古代就是天子的专用服色,其他人是不得穿着的(图1-11)。在现代社会,服装色彩又往往是服饰审美的一个明显的表征。在现在很多中老年人的脑海中,必定还对20世纪70年代中国流行的"蓝海"现象记忆犹新,由于极"左"思潮的影响,穿着鲜艳的色彩就被认为是资产阶级情调,于是,全国上下流行蓝色,蓝工作服、蓝中山装和绿军装成为当时的一种时尚。1988年,菲律宾服饰市场上曾盛行黄色,其原因是阿基诺夫人以黄色作为哀悼丈夫之灵,象征自己主张的色彩,使大量追随者们对黄色产生偏爱。20世纪90年代,香港以及澳门的回归在国际上引起了极大的反响,为中国的政治记入了一个新的里程碑,人们的爱国热情被激发,全国乃至国际上都掀起了一股中国热。中式服装盛行,热烈的中国红大行其道,甚至一些内衣品牌还推出了中国红系列内衣。2001年10月21日,当出席上海APEC会议的20位亚太地区领导人身着五颜六色的中式对襟唐装在上海市科技馆出现时,同时也将中国的传统服装成功地展示在了世人

图1-11 曾经的等级色彩——明黄

面前。体现了中华民族几千年文化积淀的唐装在 APEC 会议上大放异彩后,立即在上海乃至全国上下又掀起了一阵"复古怀旧"的高潮。这是政治因素的影响推进时尚的典型。

宗教信仰也是政治环境的一个重要因素,不同的宗教信仰环境,形成了对不同服饰色彩的选择和喜好。例如,叙利亚喜欢蓝色,伊拉克、土耳其人却把蓝色作为丧服用色;大多数伊斯兰教信仰鲜艳的色彩,但把黄色视为死亡的象征;欧洲的基督教徒也讨厌黄色,认为是叛逆象征的犹大色;中国古代将黄色视为尊贵之色;东南亚佛教国家如缅甸、泰国的和尚穿的服饰多是黄色……

服饰色彩形态从独特的角度折射了社会政治形态,不同时代的社会环境就会造就不同时代的服饰特征,从中展现出不同时代人们的精神向往和审美追求。

(二)科技

随着科技的发展,未来的服装除了能保暖、能给人以美的享受外,还能不断改变人们的生活。当科技参与到服装设计中后,人们对科技能让衣服产生什么样的改变更是充满了好奇与期待。面料是对服装影响最大的因素,由于科技的参与,服装面料除了具备遮体保暖的

基本功能外,其穿着的舒适性、美观性都得到了极大的提升。如英国 Acordis 公司通过十年开发出的天丝纤维,是一种溶剂型纤维素纤维,以可再生的木材为原料,将木材制成木浆,将木浆溶解在氧化铵溶剂直接纺丝,完全在物理作用下完成,氧化铵溶剂可循环使用,回收率达 99% 以上,其生产过程无毒、无污染,天丝产品使用后可生化降解,是最典型的绿色环保纤维,并且具有吸湿透气的着装性能。再如杜邦公司发明的莱卡纤维,这种人造弹力纤维,可自由拉长 4~7 倍,并在外力释放后,迅速回复到原有长度。它能与任何其他人造或天然纤维交织使用,并不改变织物的外观,它大大改善了织物的手感、悬垂性及折痕回复能力,提高了各种衣物的舒适感与合身感,使各种服装显现出新的活力。莱卡适用范围极广,能给所有类型的成衣增添额外的舒适感,包括内衣、定制外套、西服、裙装、裤装、针织品等。莱卡纤维的使用,为服装时尚提供了全新的概念。

现代科技对于服装的影响还体现在对服装设计创作思维的启迪上。科技赋予了人的视觉以超常的特异功能,让我们看到了以往肉眼无法企及的视野,所提供的崭新的视觉空间强有力地为服装设计创作注入了新的活力。例如,日本设计师松井以影像技术为灵感设计的新概念服装,以聚乙烯制成的大凹面镜组合排列构成裙子,模特的双腿在多角度的大凹面镜反射下呈现出变换纷繁的影像,向人们展示了一个不可思议的服装形象,又记录下了同一个时间段中同一个姿态不同角度的变化,表现出设计师将非生命体的服装作为时间变迁的刻录机的创作理念。在计算机普及的今天,计算机强大的复制、编辑、修改等功能,帮助设计师实现了无需因配色、修改而反复进行重新绘图的愿望。设计师可以利用网络收集各种服装的流行信息,分门别类的建立服装款式库、色彩库、面料数据库,设计时可以随时调用,进行各种可能的设计组合,既快捷便利又直观形象,将设计师从大量的案头工作解放出来,不但大大扩展了设计思维,而且工作效率也有显著的提高。图 1-12 运用了专业绘图软件 Photoshop 将民族风貌的蜡染纹样进行了不同手法的处理,使之面貌呈现出了丰富的变化。

图 1-12　运用专业绘图软件进行变化的纹样设计

科技对服装色彩的影响也是显著的。20 世纪中后期,科技发展迅速,美国的"阿波罗"号宇宙飞船第一次将人类送上了月球。到 20 世纪 60 年代,服装界"宇宙风貌"盛行,皮尔·卡丹、库雷热等设计师都相继推出了金属色系的具有宇宙风貌的服装;2007 年,LOEWE 品牌推出新装,以浅色调,尤其是白色调为主,在轮廓造型上运用了大体积设计,迷你裙、罩衫、夹克等透出时髦的气质,创造出一种魔幻的太空时尚。随着科技发展,它为服装的发展提供更为广阔的空间。

(三) 经济

经济的发展和人们的生活水平是正比例同步发展的。经济发展到一定阶段,人们生活水平得以提高,人们必然会对生活质量提出更高的要求,人性中对美的追求开始提升。1926 年,美国经济学者乔治泰勒 (George Taylor)提出"裙长理论",主要内容是:女人的裙长可以反映当下经济的兴衰荣枯,裙子愈短,经济愈好,裙子愈长,经济愈是艰险。2012 年夏的街头,女士多长裙飘飘,有评论说根据"裙长指数",英国经济或已触底。国外的经济学家调查发现,人们的服装色彩和经济的发展是具有统一性的:当经济开始衰退,进入大萧条时期后,人们的服装色彩也变得偏于灰暗,而一旦经济开始走出低谷,人们的服装色彩也呈现出鲜亮的趋势。

事实上,政治的举措牵连着经济的发展,经济的发展又自然带动科技的发展,政治、经济、科技是三位一体,不可分割的一个整体,服装的流行趋势与审美标准必然会受到这个整体的影响,这是由服饰的社会性所决定的。服饰艺术渗透到人们日常生活的方方面面,对于每个人形象的自我设计与完善具有广泛的社会意义,是其他的任何艺术手段所不能比拟的。服饰艺术对人们进行着潜移默化的陶冶,着装形象的直观美对社会生活进行着直接的美化,它们相互交融。当代人们日益追求服饰的多样性的艺术情趣,也正日益深刻地改变着人和世界的面貌。

五、各种艺术对服饰审美的影响

在艺术的创造过程中,虽然各种艺术都有自己的独特之处,但是艺术之间又是相互沟通的。他们相互影响,彼此得到发展。其他艺术对于服装及其审美观点的影响是多方面的,并不受艺术种类的限制。

(一) 戏剧和影视的影响

戏剧是演员扮演角色,在舞台上当众表演故事情节,塑造人物形象,反映生活的一种艺术。影视是电影艺术和电视艺术的统称,是一种综合性的艺术形式。它逼真地还原客观事物,力求准确鲜明地再现社会现实。戏剧和影视都是来源于生活的艺术形式。戏剧和影视艺术,可以说都归属于视觉艺术的范畴。经历过 20 世纪 80 年代的人都对于当时的电影《街上流行红裙子》有着很深的印象,在电影放映后,精明的服装设计师们旋即以此为服装的灵感源,设计了大量的红裙子推向市场,图1-13中红裙女子的穿着是80年代初最为时尚的装扮。几乎是在同一时期的电影《追捕》,高仓健饰演的检察官杜丘形象深入人心,高仓健也由此成为亿万中国观众心目中的首席日本偶像,他在电影中所穿的一款风衣也风靡了整个中国,一袭风衣一副墨镜在当时是极为时尚的装扮。近年来,韩国影视剧大受欢迎。喜欢韩剧的人,大多会被片中浪漫唯美的画面所吸引,此外还有剧中男女主角或活泼清新可爱、或高贵温润典雅的服饰打扮,几乎每部片子都能带来一些服饰、首饰的潮流。人们不仅仅从影视剧中得到了精神满足,更从生活中接触到了"韩流"文化。《冬季恋歌》里裴勇俊那温情的笑容就曾迷倒了不少人,穿上松软精致的韩式毛衣,围上深情款款的韩式围巾更是当时的潮流。电视剧《浪漫满屋》播出后,女主角宋慧乔斜挽马尾辫,以大花朵作为装饰的手法几乎流行了整整一季。影片《花样年华》播放后,勾起很多女性对旗袍的兴趣,唤起她们内心对那种含蓄又性感的美的渴望,旗袍受宠、花色面料走俏,则是由于戏剧影视的播放而牵动服装流行潮的又一例。

图1-13　20世纪80年代的时尚——红裙子

(二)美术潮流的影响

绘画艺术的语言是线条、色彩和形体块面。绘画是"以色彩挂万象"的静止可观的平面形象。绘画的艺术形象在观众面前呈现丰富生动的直接世界,它具有具体性、确定性的特征。

服装及其审美潮流和美术作品的关联主要表现在两个方面。一是美术作品可以反映一定时期的服装及其色彩,如最为典型的是美术作品种类之一的人物画,它常常成为研究当时服装款式、色彩及其造型重要的资料。二是美术作品的潮流可以对服装及其用色产生影响。这种影响最为原始和直接的方法便是将美术作品直接绘制或织绣在服装上,如夏季T恤衫上就常用烫印胶塑画来作装饰,此种手法的应用也曾将世界名画搬上服装成为时尚。

抽象广义绘画一度是现代绘画的主流,它的色彩、构图及造型都给服装以巨大的影响。毕加索、马蒂斯、布拉克、蒙德里安等现代绘画大师还曾亲自参与过戏剧服装设计。他们的绘画作品也给时装设计师们以启迪,曾是他们设计时装的灵感源泉。如1965年,法国著名服装设计师伊夫·圣·洛朗推出的蒙德里安风格的服装,在针织的短连衣裙上将黑色线和原色块的组合,效果单纯而强烈,赢得了好评,这是把时装和现代艺术直接巧妙融为一体的

图1-14 伊夫·圣·洛朗设计的波普艺术风格的服装

典范,曾出现过数以百万计的盗版风潮。到了1966年,伊夫·圣·洛朗又推出了波普艺术风格的服装,在黑色衣裙上装饰的极富肉欲色彩的粉红色女裸体及大红嘴唇,给人以强烈的视觉冲击,这是他又一次将现代艺术和服装的完美的结合,如图1-14所示。

服饰设计的创作灵感可以来自美术的方方面面。雕塑、剪纸、戏剧脸谱、瓷器纹样,林林总总都可以为设计提供思维的源泉。在著名服装盛事"兄弟杯"服装设计大赛中,设计师马可的系列作品"秦俑",将几千年前的服饰风貌以现代的手法进行演绎,折服了现场所有的观众;法国设计师保罗·波烈(Paul Poiret)在其时装发布会上,曾发布过一款以中国青花瓷器图案为灵感的服装,性感的束胸设计,加上紧身鱼尾裙的式样,犹如一只大青花花瓶在天桥尽头款款出现,将会场气氛带向了高潮;京剧是中国的国粹,京剧脸谱也常让外国人目眩神迷,华伦·天奴(Valentino)的2007年秋冬系列中直接将京剧脸谱变成了随身配饰,典型的京剧脸谱摇身一变成了胸前的扣饰。这种扣饰可以别在衣服上,挂在包上,或者插在盘起的头发上,很有特色……

(三)其他艺术的影响

服装的创作源泉来自于多个方面。音乐的抑扬顿挫、轻重缓急有如色彩色阶的律动流变,缓缓的低音仿佛清淡而幽雅的粉色,沁人心脾,洪亮的高音恰如热烈而奔放的原色,荡气回肠;书法字里行间的行云流水,如画般演绎着美的韵律;文学的诗词歌赋虽然不具备直观的可视性,但它却以生动的语言形式唤起人们的联想和想象,从而激发人们对于美的共鸣。

总之,虽然在艺术的形式上,各类艺术都有着自身的表现手法,它们之间的相通性却是实实在在存在着的,服装便以此为契机,不断吸收和引进,从而使自身得到发展。

小结

本章节主要介绍了服饰搭配艺术的相关概念,并从审美的角度对服饰美的表现形式、审美特征进行了阐述。人们对于服饰美的感受具有主观性,同时又受到来自不同渠道的客观因素的影响,服饰搭配者要能够从主客观的角度加以妥善分析,并加以掌握。

思考题

1.服饰搭配艺术的概念是什么?

2.服饰搭配艺术包含哪些方面的内容?

3.服饰美有哪些表现形式?

4.试述影响服饰审美的因素。

实践与应用——

服饰的搭配与款式要素

课程名称: 服饰的搭配与款式要素

课程内容: 色彩的布局与搭配

面料的选择与组合

款式造型的选择与搭配

课题时间: 16 课时

训练目的: 色彩与面料是服装的主要组成,通过本章的学习使学生能够在服饰搭配时灵活运用色彩的特性;并根据不同面料所具有的不同视感、触感,进行不同方式的服饰搭配。

教学要求: 1. 理论讲解。

2. 组织学生观摩大师作品发布会的时装表演录像,感受不同色彩、面料的服饰搭配效果。

课前准备: 学生回顾已学课程《服装材料学》内容。

第二章　服饰的搭配与款式要素

第一节　色彩的布局与搭配

一、服装色彩基础理论

服装是色彩、面料、款式造型的复合体,这三个要素缺一不可,相互作用。为了更好地阐明服装各要素在服饰搭配中所起到的作用,本书将服装三要素进行分解,逐一叙述。服装具有实用功能、美学功能和象征功能。美学功能通过设计的形式构成要素来体现。而形式要素的核心则是形态和色彩,因此学习掌握服装色彩的美学构成原理才能实现服装的美学功能。

服装搭配过程中,色彩的和谐是其整体效果体现的重要因素。适当的色彩效果不仅会改变原有的色彩特征及服装性格,还会体现出人物的精神风貌,甚至时代特色,产生超出服装本身的全新的视觉生理与心理效果。

光是产生色的原因,色是光波被感觉的结果,是人的眼睛在可见光刺激时产生的红、橙、黄、紫、黑、白、鲜、灰一类的视感觉。凡是具有正常视觉功能的人即能看见不同波长的光波或者说色彩。对于服装色彩的特征进行分析,可从色相、明度、纯度三个方面进行,这三个方面称为色彩的三要素。

(一)色彩的三要素

1.色相

色相即色彩的相貌,如赤、橙、黄、绿、青、蓝、紫等,它们之间的差别称为"色相差别"。在色相环上对比度最高的三对色彩为:红与绿、黄与紫、蓝与橙。

2.明度

明度指色彩的明亮程度,也称"亮度"或"深浅度",如将黑色(或深色)至白色分成十个等级差度,1~3为低明度区,4~7为中明度区,8~10为高明度区。纯色中一旦加入白色,则明度提升;加入黑色,则明度下降。纯色中柠檬黄明度最高,蓝、紫明度最低。明度色标如图2-1所示。

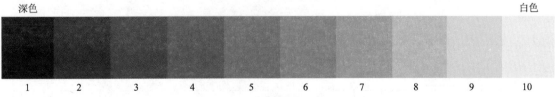

图2-1　明度色标

3. 纯度

纯度指色彩的纯净程度,也称"灰度"或"鲜艳度"。如将灰色至纯鲜色分成十个等差级,通常 1~3 为低纯度区,4~7 为中纯度区,8~10 为高纯度区。纯色中一旦加入灰色或其他颜色,其纯度必然降低。纯度色标如图 2-2 所示。

灰色　　　　　　　　　　　　　　　　　　　　　　　　　　　　　　　　鲜色

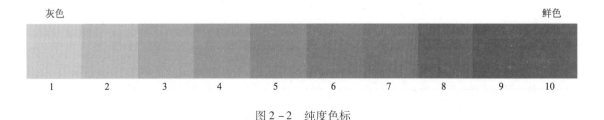

| 1 | 2 | 3 | 4 | 5 | 6 | 7 | 8 | 9 | 10 |

图 2-2　纯度色标

(二)色彩的心理反应

不同波长的色光作用于人的视觉器官,通过视觉神经传入大脑,经过思维与以往的经验以及记忆产生联想,从而形成一系列的色彩心理反应。人受到某种色彩的刺激后,无论生理还是心理都会有反应。服装色彩的视觉心理感受与人的情绪、意志及色彩的认识紧密相关,同时与观察者所处的社会环境与社会心理及主体的个性心理特征有关。因此,观察者心理品质的不同,对服装色彩的情感反应也就不同,即使是同样的服色,也可能得出不同的心理反应。

不同色彩在复杂的因素下产生的联想、象征、感情等视觉心理与人的色彩体验相联系,使客观的色彩具有复杂的性格,见表 2-1。

表 2-1　不同种类色彩性格分析

色彩种类		色彩性格分析
有彩色	红色	具有视觉上的迫近感与扩张感,积极、青春,性格强烈、外露
	橙色	性格活泼、跃动、兴奋、华美,具有富丽、辉煌、炽热的感情意味,极具活力
	黄色	明度最高,具有快乐、活泼、希望、光明、健康等感受
	绿色	具有柔顺、温和、健康等感受
	蓝色	具有沉静、冷淡、理智等特性
	紫色	明度最低,具有安静、神秘、孤独、高贵、优美、惋惜的意境
无彩色	黑色	明度最低,具有庄严、稳重感,同时易产生暗、黑夜、寂寞、神秘等联想;又是不吉利的象征,意味着悲哀、沉默、恐怖、罪恶、消亡,在视觉上是一种消极的色彩;除此以外还有严肃、含蓄、庄重、洒脱的表情
	白色	象征洁白、光明、纯真,同时具有轻快、朴素、恬静、清洁卫生的感觉
	灰色	性格中性、平稳、不刺激
	金银色	性格光辉、炫耀

服装色彩的性格不是绝对的,会因搭配实际情况的不同呈现不同的效果。

1. **有彩色**

(1)红色。红色波长最长,是具有膨胀、前进感的颜色,一般体胖、高大的人不宜穿大红色的服装,另外红色对于穿着者的肤色要求也比较高,肤色偏黑的人不太适宜穿着大红色的服装,但如果是黑色人种,有时皮肤的黝黑与红色形成强烈的对比,也能够起到很好的视觉效果。

图2-3(a)所示服装为鲜红色,明度高,热感较盛,在视觉上极为醒目;图2-3(b)所示服装,为趋于紫的暗红色,显得冷静而明度不高,相对柔和,给人以一种沉重而朴素的感觉,但这种色彩如果使用不当就有恐怖、悲哀、污浊的感觉。红色中的粉红,其个性柔和并具有健康、梦幻、幸福、羞涩的感觉,是女性嗜好度很高的色彩。

(a)   (b)

图2-3　不同倾向的红色服装

(2)橙色。橙色波长仅次于红色,使用橙色时,要重视与环境、气氛相和谐。在配色上,同类色的褐色和黑、白等色与其配合效果较好,很适合作室内装饰。古代皇宫及寺院常将橙色与金色并用,使之产生富丽堂皇的装饰性。一般来说,它能与其他色彩相投合,适宜做其他色彩的配合色。

橙色中可加入其他的色彩以降低其明度,但以偏暖色系为好,否则容易使色彩显得污浊。图2-4所示的服装衣身的橙色中加入了偏褐的倾向,与袖、裙明亮的橙色形成了明度色阶,醒目而不张扬。

(3)黄色。黄色波长居中,由于黄色的明度高而造成一种尖锐感和扩张感。在我国古代,明黄色是中央的色彩,又有天地玄黄之说。从黄帝、黄袍、黄道吉日等词可见,历代帝王的服饰用得很多,并禁止人民使用;宫殿、庙宇广泛使用。黄色在近代生活里常被认为是有知性,能理解或聪明的象征。略深一点的鲜黄色亮丽而具有高贵之感,如图2-5(a)所示;淡黄色使人觉得和平、温柔,如图2-5(b)所示。由于黄色的高明度特征,近年来黄色被大量应用作为交通安全的提示色彩,在童帽、书包以及其他一些物品上多有使用。

图2-4　橙色服装　　　　　　　　　　　　　　(a)　　　　　　　　　　(b)
　　　　　　　　　　　　　　　　　　　　　　图2-5　黄色服装

(4)绿色。绿色波长居中,绿色及其一切调和色基本上是优美的、抒情的,对东方人肤色白皙的,尤其适合。但在明度稍低时或在某种特定条件下,绿色会带有消极意义。图2-6(a)倾向黄色的绿,给人一种如自然界那样的清新感,显示出青春的力量;图2-6(b)的中绿色有成熟的印象,但与白色的点状图案同时使用,具有清新雅致之感;图2-6(c)倾向于褐的墨绿显示出老练而成熟的复杂表情。

一般来说,绿色即是纯绿,由于它不像红色系那样刺激,而具有使人神经放松的作用,所以被广泛用于服色。在信奉伊斯兰教的国家,绿色是最受人欢迎的颜色。阿拉伯联盟把绿色作为国家的颜色。而在西方,绿色含有嫉妒的意思,但在奥地利,绿色是高贵的颜色。

(5)蓝色。蓝色波长较短,是无际的长空色,同时使人联想到深不可测的海洋。蓝色与红橙色形成鲜明对照,它是一种消极的、收缩的、内在的色彩。但蓝色却为那些具有积极性格的色彩提供了一个更为深远的空间。而且蓝色的明度越深,唤起这种遥远的空间感觉就越强。

(a)　　　　　　　　　　(b)　　　　　　　　　　(c)

图 2-6　绿色服装

　　蓝色是服装色彩中应用范围较为广泛的一种,偏粉的蓝色,清新雅致;偏暗色调的灰蓝色,则具有沉着的性格,容易与其他色彩配合,如图 2-7(a)、(b)所示。若使深蓝色配上黄色,有浓厚、幽深之感,在暗中看出光彩。

　　(6)紫色。紫色光波最短,因此是最为安静的色彩。自古以来,由于在自然界里紫色最少,以及紫色的染料价格昂贵的缘故,紫色作为高贵的服色为人们所利用。

　　偏红的紫色温和而明亮,属于积极的色彩;偏蓝的紫色具有孤傲的色彩气质,如图 2-8(a)、(b)所示;而一般较暗的紫色是消极的色彩;较淡的紫色有美的魅力和优雅、惋惜的娇气;青紫色象征着真诚的爱。

　　2. 无彩色

　　(1)黑色。当物体将太阳的色光全部吸收的时候,物体就呈现出黑色。不同的色彩对比效果会使黑色的消极性发生变化而使人赏心悦目。据相配色的性格诱导,黑色是礼服的常用色如图 2-9(a)所示,是漂亮、时髦、高雅、礼仪的服色,也能成为忧郁、黑暗、年老的服色。

　　(2)白色。当物体对于太阳的色光全部反射的时候,物体就呈现出白色的色调。在色光中,白色包含着色环上的全部色,称为全光色,常被认为不是色彩。但在实际应用范围中,白色是必不可少的色。白色有它们固有的感情特征,既不刺激,也不沉默。因其他色彩的相配时会具有冷或是暖的趋势。

　　白色使人最易想到雪,引人注目;白色亦显得单调空虚。白色还有不容侵犯的个性,容

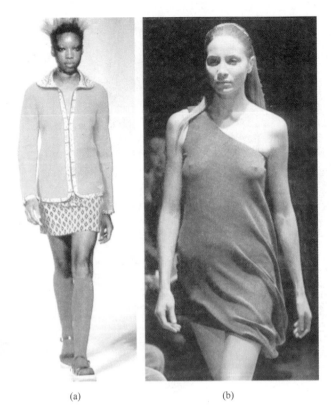

(a)　　　　　　　　　(b)

图2-7　蓝色服装

(a)　　　　　　　　　(b)

图2-8　紫色服装

(a)　　　　　　　　　　　(b)　　　　　　　　　　　(c)

图2-9　无彩色服装(黑、白、灰色)

不得它色沾染,因此,也很不安定,易感到索然无味,并且易沾污。本白是稍有灰味的白,虽不及纯白纯粹,但安定沉着,是人们喜用的服装色彩,白色适用于任何年龄、任何种类的服装如图2-9(b)所示。

(3)灰色。中性灰是黑、白的混合色,本身显得毫无生气,若没有其他色相配,更显得呆板无味,但其他任何色彩与之相配都不会受到影响,而保留该色的性格,故灰色是使人放心的色彩,被广泛应用于服色。

灰色没有沉重之感,也没有刺激性,总是显得比较轻盈、柔润,因而给视觉上带来一种平稳感,在与其他色对比时,它又充分发挥自身的活力,且具有积极意义,并能使任何一个其他色活动起来,或更为丰富,或更加淡薄。明度高的灰,典雅而纯净,具有与白相近的性格如图2-9(c)所示,明度低的灰,则具有与黑相近的性格。

(4)金、银色。金、银色是金银等金属光泽的色彩。在有的书籍中将金银色作为单独的光泽色划分,有的书籍则将之划归为无彩色的范围。本书采用后一种分类方式。金属光泽的色彩光辉性很强,具有很好的醒目作用和炫耀感。金色富丽堂皇,象征荣华富贵;银色也有同样的作用,但比金色温和,具有灰色的特性。如图2-10所示,金、银色为服装增添了高贵华丽的气质,效果醒目、显眼。

在多色搭配时,如各色配置不够协调,适当使用一些金属光泽色会使它们立刻和谐起来,并展现出光明、华丽、辉煌的视觉效果。

图2-10　无彩色服装（金、银色）

（三）色彩的情感效应

色彩的情感效应是指不同波长色彩的光信息作用于人的视觉器官，通过视觉神经传入大脑后，经过思维，与以往的记忆及经验产生联想，从而形成一系列的色彩心理反应。色彩本身并无冷暖的温度差别，是视觉色彩引起人们对冷暖感觉的心理联想。

1. 色彩的冷暖感

色彩引起的人们对于冷暖感觉的联想。色彩的冷暖感，直接受到色相的影响，在图2-11所示24色的色相环中，冷暖色处于色相环直径相对的位置，中间的色彩随色相环角度的变换，逐渐呈现暖或者冷的趋势。

色彩的冷暖感觉，不仅表现在固定的色相上，而且在比较中还会显示其相对的

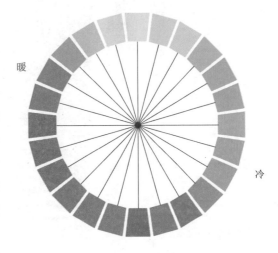

图2-11　色彩的冷暖与色相直接相关

倾向性。如虽同为暖色，大红较玫红更"暖"了。但如与橙色对比，前面两色又都加强了寒感倾向。人们往往用不同的词汇表述色彩的冷暖感觉：暖色——阳光、感情的、热烈、活泼、开

放等;冷色——阴影、透明、镇静的、冷淡的等。

色彩的冷暖还与明度有关。橙色中除暗浊色是中性外,其余都是暖色;黄色的明色是暖的,暗色呈中性感,而浊色呈寒冷感;黄绿色的纯色是暖的,中明色呈中性感,暗色呈寒冷感;绿色中,明清色和浊色呈寒冷感,中清色和暗清色呈中性感;青紫色中除中明色呈中性外,其余都呈寒冷感。

2. 色彩的轻重感

主要与色彩的明度有关,往往明度高的色彩使人产生轻柔、灵活、敏捷等联想,而明度低的色彩常让人产生沉重、稳定、压抑等联想。图2-12,服装一明一暗,前者轻盈、后者稳定,是色彩明度造成的轻重感在服装上的极好体现。基于此,一般在正式的场合或是丧葬场合服装用色往往选择深色。

3. 色彩的软硬感

主要也是受到色彩明度的影响,与纯度也有一定的关系。图2-13是色彩软硬感的典型表现,粉红色的礼服明度高、纯度高,具有软感,而深蓝色的套裙明度低、纯度高,具有硬感。一般中纯度的色彩也呈软感。在服装色彩设计中,男装多用硬色彩,而儿童服装宜用软色,如奶油色、粉红色、淡蓝色等,这些色彩与他们娇嫩的皮肤相映衬,显得十分协调。

图2-12 色彩的轻重感

图2-13 色彩的软硬感

4. 色彩的华丽与质朴感

色彩的三要素对于华丽以及质朴感都有影响,其中纯度关系最大,明度高、纯度高的色彩感觉华丽,明度低、纯度低的色彩反之。就色彩中的色相比较而言,按红、紫红、绿的顺序排列,色彩呈华丽;黄绿、黄、橙、青、蓝、紫的顺序排列,色彩呈质朴感;其他呈中性。任何色彩如果带上光泽,则都能获得华丽的效果。图2-14,黄绿色的礼服虽在色相上趋于质朴感,但其面料的缎质光泽,使之具有华丽的色彩倾向;蓝色的套装,色相整体明度较低,与纯度较低的蓝黑色配合,具有质朴的色彩倾向。

　　服装色彩中华丽与质朴色的应用,一般从使用环境来考虑,喜庆节日或歌舞演出、酒吧等场所宜穿着华丽的服装。而正式场所则应使用质朴的服色。

图2-14　色彩的华丽与质朴感

5. 色彩的活泼与庄重感

　　暖色、纯度高的色,对比强的色,多种色彩的组合呈现出跳跃、活泼的心理效应;而冷色、暗色、灰色使人感到严肃与庄重。图2-15(a)采用高纯度的暖橙色面料,配以大小不一具有弹性的点状图案,显得轻松而活泼;图2-15(b)为偏冷色相的深蓝青色套裙,中规中矩的合身裁剪,典雅而不失稳重。一般青少年服装多用活泼、跳跃的色彩,以显示他们的朝气和活泼可爱;而庄重感的配色适合于中老年服装,以显示着装人的成熟老练。

　　色彩产生的心理效应和情感效应是相对而言的,同一个形象,不同的色彩配比产生的效果不同;即使是同样的颜色,使用比例的不同,产生的效果也是全然不同的。图2-16(a)、(b),服装同为无彩色系服装,前者大面积采用了深、暗色调,后者以银色、白色之亮色占主导,相比较而言,前者略显稳重,后者更为明快。同理如图2-16(c)所示。

(a)　　　　　　　　　(b)

图 2 – 15　色彩的活泼与庄重感

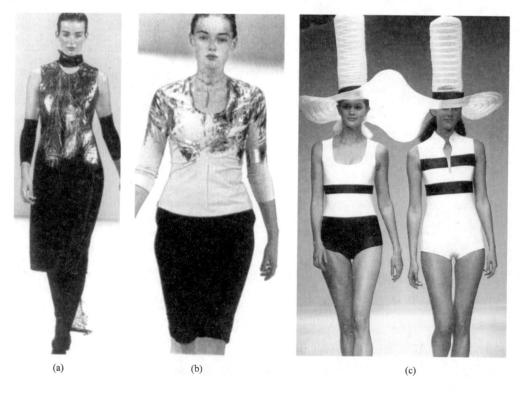

(a)　　　　　　　　(b)　　　　　　　　　　(c)

图 2 – 16　不同的色彩配比产生的不同效果

二、服装搭配的色彩布局原则

(一)统调原则

所谓"统调"即整个色调搭配中有一个主色调,或将色彩统一在一个暖色调中,或将色彩统一在一个冷色调中,又或以一个灰色调为统一色调等,力求色彩少而不乱,丰富但有层次,切忌色彩繁多无序;再则,色彩比例应有主次之分,即在色彩的配比中注意调节各颜色在整体中所占的大小比例问题,以一色为主,一色为次进行色彩的搭配。色彩所占面积的比例关系,直接影响到配色的调和与否。无论是同一、类似还是对比调和,关键在于如何掌握面积比例的尺度。就色相对比来讲,两个色彩色相面积比例的安排就直接影响着是否调和。以对比色红绿的搭配为例,红和绿是两个相对的色彩,它们在色相上一冷一暖,性格上一进一退,两者具有很大的矛盾性。在搭配时它们的比例如果过于接近,很容易造成"土气、俗气"的感觉;而一色为主进行配比,"万绿丛中一点红"的视觉效果则是优雅的,原因就在于这样的配色一个是绝对优势,处于主导地位,一个是点缀色,处于从属地位。对比色如要同时大面积的采用,可在两色中同时加入同一个颜色,如同时在红绿两色中加入白色,这样使得对比的两色相互关联,从而缓解了视觉上的冲撞感。或者用无彩色系的黑白灰等颜色将两色隔开,如在红衣绿裤中间系上黑色的腰带,这样也可以在视觉上起到一个缓冲作用,但是其作用不如前者。如果搭配的两个色彩明度相差较大,一个是高明度一个是低明度,可根据情况灵活掌握它们的比例大小关系,明度高的和明度低的以1:1的比例相配时,可产生强烈、醒目、明快的感觉;明度高的为主时,是高调配色,能创造明朗、轻快的气氛;明度低的为主时,是低调配色,能产生庄重、平稳、肃穆的感觉。

统调原则指导下的整体服饰色彩搭配易给人以含蓄、柔美、和谐的感觉,同时应注意"大统一,小对比"的应用,以避免产生单调、呆板之感。统一,是相似物体之间的协调,就是色彩的同一和类似。但过于统一就会显得呆板、没生气。大统一,色彩之间性格具有向心性;小对比,色彩的性格具有离心性,但如果对比得过分,配色会陷于混乱、无秩序。图2-17、图2-18之服饰都以大统一小对比为色彩搭配原则,在一个主色的统领下,副色以及点缀色所占的比重是很小的。因此,服饰的配色数量也不宜过多,承担主角的色彩数量以一至二色为佳。这样,配色容易形成一个明确而统一的色调,若再加上适度的点缀与对比色,在统一中求得变化,即可创造一个既有秩序又有生气的色彩气氛。统一中有变化是服饰搭配时色彩使用的重要准则之一。统调的原则可以从色相、明度、纯度几个方面着手。

1.色相统调

色彩在色相环上的角度差异是色相统调的基础,一般在色相环中色距≤60°的色彩为近似色,近似色的色彩配比比较容易达到协调统一的效果;色相环中色距的相差角度为零时,即为单一色彩的配比。图2-19所示服装色彩或是相同或是相近,整体服饰形象达到了统

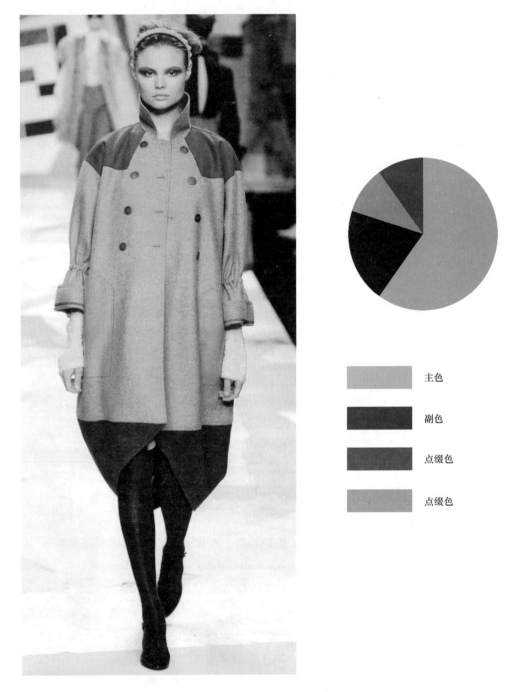

图 2 - 17 "大统一,小对比"的服饰色彩搭配一

调的效果。色彩的统调既可以同色同材质的面料进行搭配,也可借助色彩、质地皆不相同的面料来完成。

2. 明度、纯度统调

以同一色相,但明度或纯度不同的色彩进行服色搭配,整体服色在协调中具有一定的层

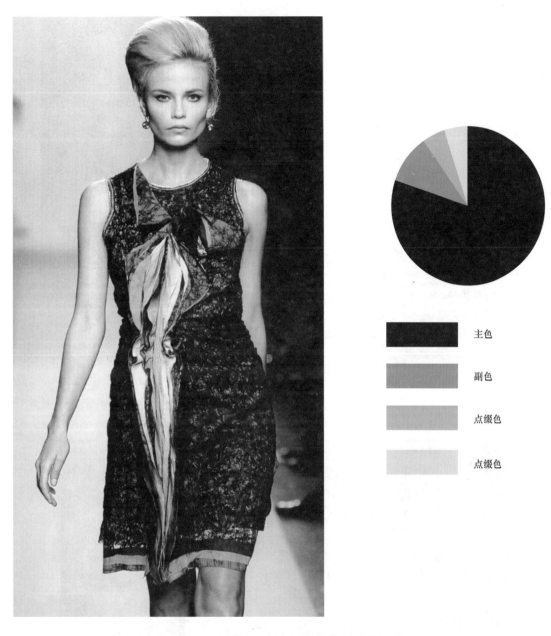

主色

副色

点缀色

点缀色

图 2 - 18　"大统一，小对比"的服饰色彩搭配二

次感，如深浅不同、或灰度不同的上下装搭配等。在明度、纯度统调的情况下，可以在服装的图案花纹以及服色所占的面积等因素上作变化处理。如图 2 - 20(a)、(b)所示服装以蓝色为主色调，在上下装、里外装之间拉开色彩的明度差异，使整体服饰效果既统一又富有层次，同理如图 2 - 20(c)所示。

3.色彩搭配的关联

一种色在不同部位重复出现这叫色彩的关联，相配色之间互相照应，你中有我，我中有你，如取裙子上的一个色作为上衣的颜色；里料的色和面料的色相呼应；取衣服上某个色作

图 2 - 19　服饰搭配的色相统调

(a)　　　　　　　　　　　(b)　　　　　　　　　　　(c)

图 2 - 20　服饰搭配的明度、纯度统调

为服饰配件的色等。如图 2 – 21 所示的上装大面积暖红色花纹与下裙的色彩形成呼应,这是色彩之间取得调和的重要手段之一,也是统调原则常使用的技巧。

(二)对比原则

当色彩在色相环上的色距达到一定角度时(一般色相环中的色距在 90°～180°),服色对比差别较大,在视觉上容易形成明快、醒目之感,但如果色彩配比不当,也易造成视觉的疲劳。可通过调配色彩的面积、改变色彩的明度或纯度、打碎色彩面积等多种方式来进行调节,加入黑、白等无彩色以及金、银等色进行搭配,也往往可以起到减弱色彩视觉冲突的作用。

巧妙运用色彩的对比,还可以把人们的注意力吸引到服装的某一部分,如领部、肩部、胸部、腰部等服装的要害部位,来首先抓住人们的注意力。这些部位的色彩可以是明度、纯度高的色彩,但是小面积的点缀与大面积明度、纯度低的色彩形成对比,小面积的色彩部位反而更加醒目和突出。适当

图 2 – 21 色彩搭配的相互关联

的色彩对比是在统一中谋求变化的手段之一。每套衣服的点缀色彩不要过多,以一至两处为宜。所谓"多中心即无中心",多则会分散注意力,冲淡整个色彩效果。图 2 – 22 是明度相

图 2 – 22 服饰搭配的色彩对比原则

去甚远的黑与明黄的搭配;或是色相差距很大的红、黄、蓝的搭配;或是对比色的冲撞,如红与绿、黄与紫的搭配,为了达到色彩鲜明且对比适度的效果,每一个服饰形象中总有某一个色彩占据了主导的地位。当对比的色彩在服装中所占面积相当时,则可以改变对比色中某一色的明度或是纯度,如提高紫色的明度——将粉紫与黄相搭配,同样能够达到预期的目的。

(三)时尚原则

服饰色彩搭配的时尚原则即要注意流行色定期发布的信息。流行色是一种社会心理产物,也称前沿色或先锋色,是指在一定的时间跨度和空间区域及广泛的消费群体中,得到社会认可的普遍流行、广受欢迎的几种或几组色彩与色调,有时还伴有特定的构成表现形式。流行色与服装的面料、款式等共同构成服装美。流行色是一种趋势和走向,是一种与时俱变的颜色,其特点是流行最快而周期最短。流行色是非固定的,常在一定期间演变,今年的流行色明年不一定流行,其中某些颜色有可能又被其他颜色所替代。流行色相对常用色而言,常用色有时上升为流行色,流行色经人们使用后也会成为常用色。例如,今年是常用色,明年可能会成为流行色,它有一个循环的周期,但又不是同时发生变化。这是因为不同的地区、民族和国家都有自己的服饰习惯和服饰传统,每个人又有着不同的服饰偏爱或嗜好。这些习俗、传统及嗜好都会在服装色彩上有所反映,因追求流行而抛弃这一切是完全没有必要的。一般而言,服饰基本色在服饰中所占的比重较大,而流行色所占的比重较小,所以每年制订下一个年度的流行色时,常常是选用一两种流行色与服饰的基本色一起搭配,这样可使服饰的颜色既保持了自我又跟上了时代的步伐与潮流。

流行色的应用应该从宏观的角度加以把握。

1. 时节的把握

流行色时节把握的一个重要前提是,应综合不同时期社会政治、经济、文化的背景而进行。在此前提下,国际流行色协会往往将流行色分成春夏流行色和秋冬流行色两部分发布,春夏、秋冬不同时节的流行色风格迥异、各具特色。一般春季流行色相对艳丽,色调较明亮;夏季色彩相对活泼,对比较强;秋季配色以求多样统一,色感相对含蓄;冬季的流行色一般稳重沉着,明度纯度相对平稳。

图2-23与图2-24为2014春夏流行主题之一"伊甸园"的色彩及面料预测。强烈的饱和色彩,浓郁的彩虹色调,既有柔和的天空及海洋蓝、酸性的黄与绿、又有亮丽鲜艳的红橙,烘托出春夏热情洋溢的氛围。

2. 环境的把握

地理环境、文化传承、社会现状、生活习性的差异对于色彩的流行也有影响,在对流行色的应用上应把握好将流行色与区域环境的具体情况相结合。流行色的运用不是放之四海而皆准的真理,是要根据所处环境的不同有所调整的。对于流行色使用环境的把握应建立在

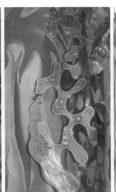
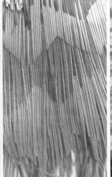

图 2 - 23　2014 春夏主题
"伊甸园"色彩预测

图 2 - 24　2014 春夏主题"伊甸园"面料预测

对服装色彩社会文化象征性理解的基础上。

服装色彩是服饰文化的一部分,在不同的时代和历史的演变中,强烈地反映了时代文明特征和社会审美风貌。

从纵向的历史发展来看,在原始社会,人类只懂得利用自然色彩来文面,文身或装饰器物;当进入了奴隶社会和封建社会之后,人们以"礼"的规范将服装色彩分成正色与间色,使颜色有了贵贱之分。到了唐高宗时期,因黄色近日色,而被定为皇家的专用色。一直到清灭亡,长达一千多年,对中国人的审美意识产生了极强的抑制作用。从横向的民族差异来看,不仅各民族之间存在色彩的喜好差异,东西方之间对颜色的认识也不尽相同:例如,在中国的传统文化中,红色象征着喜庆,是中国婚礼的传统用色,而白色则象征着死亡,一般在丧事时服用白色;但在西方的文化习俗中,白色却是纯洁的象征,是婚礼的必用色(图 2 - 25)。

人们处在不同的时代里,有着不同的精神向往,有一些色彩被赋予时代精神的象征意义,适合人们的理想、兴趣、爱好时,那这些具有特殊感染力的色彩就会流行起来。20 世纪 60 年代,宇宙飞船上天,开拓了人类进入太空空间的新纪元,这个标志着科学新时代的重大成果一时轰动了世界,色彩研究家们抓住人们的心理,发布了太空与星球色系,结果在一个时期内,这个色系流行于世

图 2 - 25　白色的婚纱

界各地。20世纪70年代,欧洲国家经济不景气,面临能源危机,局势动荡不安,人们预感到战争的危险日益增加,一部分人产生恐惧心埋,国际流行色协会发布了一组军装色,为人们广泛接受。

可见,人们处在不同的时代、不同的地域,有着不同的物质文明和精神向往,对服装色彩的爱好、禁忌也各有不同。流行色运用环境的把握就是要结合不同环境下各地域人们对色彩的好恶,灵活运用。即使某一个色彩是当地人们的喜用色,同样要受到环境因素的限制,如大部分的国家对红色都有着特殊的喜好,代表着喜庆与吉祥,如果在欢庆的场合使用自然是美好的,但如果出现在丧葬等悲伤的场合,就极不合适了。

3. 对象的把握

由于生理、种族、心理、素质等众多差异,色彩的选择往往因人而异,因此对色彩的好恶也不尽相同。时尚是现代女性着装的依据之一,流行色的运用是不可避免的,然而不同时期,流行色的色相相差很大,针对不同职业、年龄、性别以及形体条件的人群,色彩的使用要有所差别,不能一味套用时尚。这是色彩使用的个性原则,后文会详细讲述。需要注意的是,服饰搭配是一项塑造服饰形象的全面性工作,流行色的运用不仅仅局限于服装本身,服饰配件、妆容设计等方面都应列入考虑的范畴。如果某一个流行色的服饰因个人某方面的形体问题而不适用时,可以转向这些服装的外围装饰用色,则既避开了色彩与个性原则之间的冲突,又不落后于时尚的步伐。

就销售服饰的商家而言,时装类是流行色应用的主要商品,应重点调研把握。商家所需要划分的是目标消费群的喜好用色,一般而言,一个成熟的服饰品牌其风格是鲜明的,每一季的服饰新品都会有一个符合其风格定位的色彩倾向,在把握色彩大方向的前提下,可以适当运用一些流行色,将会进一步促进销售。即使是一些针对中老年人销售的服饰品牌,以一些偏稳重的色彩作为常用色,在鲜亮色系大行其道的时候,如果小面积、小范围的使用一些流行色作辅助,也可以起到不错的效果。

(四)个性原则

1. 人的性格、职业等诸多因素的影响

个性是个人区别于他人的特点所在,人的性别、职业等诸多因素的差异,会体现在其与服装色彩的亲和性上,将直接影响个体对于服装色彩的接受程度。在社会的大舞台上,每个人都在扮演自己的角色。每个人都有自己对人对事的态度和行为方式,即性格。不同的服装消费者,其服装的个性化程度不同,而服装色彩是最能反映着装者性格的因素之一。例如,喜欢红黄橙等暖色系的人性格往往开朗、活泼、富有活力;喜欢青、绿、蓝等冷色系的人性格往往趋于沉稳、冷静,不喜欢锋芒毕露;粉红、浅紫等粉色系列是浪漫而具有梦幻的色彩,所以喜爱者以少女居多。职业是人生活的重要组成部分,个人服饰色彩的选择会受到职业潜移默化的影响,因而常需要出席正式场合的人往往偏好于较为沉稳的深色调,而从事运动休闲行业的人以喜爱明快色调居多。

个性的存在,决定了人与人之间对于色彩的喜好一定会存在差别。性格、职业等因素只能划分对群体对服饰色彩喜好的大类,具体分析还需因人而异。

2. 人的年龄、性别、肤色、体型、高矮等生理状况的影响

(1)年龄。人处于不同年龄段时对于服装色彩的接受程度有很大的差异。一般来说,儿童对于鲜艳色彩的接受程度远远大于成人;年轻人着装色彩较中、老年人要鲜明。本处以极具有代表性的儿童服装为例,谈谈其服装用色的选择。

考虑童装的用色时首先必须立足于儿童的生理特点,使孩子们获得美的感受,得到美的熏陶。在这个角度下可以分成婴儿服、幼儿服、幼儿园服和上学用服来讨论。婴儿是指出生至一周岁的孩子。婴儿的形体十分可爱,一般而言,婴儿服装的色彩以柔和的粉淡色系为宜,如粉红、浅绿、粉蓝、鹅黄等,另外纯洁的白色也是婴儿服装的常用色彩。1~3周岁为幼儿期,此时的孩子有了一定的模仿能力,鲜艳的色彩很能够吸引他们的注意力。据心理学研究表明:处于幼儿期的儿童喜爱艳丽明快的颜色,尤其是对比明显的颜色,有些孩子对鲜艳色彩的偏爱会持续整个儿童阶段。因此,为这一年龄段的儿童选择服装时,应更多地选择明度与纯度高的色彩。1~5岁期间,儿童对颜色爱好的差异并不显著,但6岁之后,还表现出性别差异。男孩子喜爱黄、蓝两色,其次是红、绿两色;女孩子则喜爱红、黄两色,其次是橙、白、蓝三色。

图2-26和图2-27是某公司春夏季幼儿服饰的设计,鲜明的色块应用收到了极佳的效果,此外对比色和三原色的使用,也可给人以活泼、可爱之感。而在柔和色系的服装中,色块的拼接以及各种花色的点缀也是必不可少的。值得注意的是,这一时期的孩子开始有了一定的自我意识,思维往往会和简单具象的事物相联系,一些灰暗的色彩就很难得到他们的认同,如这一年龄段的孩子鲜有喜欢黑色的,因为黑色往往使人联想到坏人等令人不快的事物。

图2-26 色彩鲜艳的儿童服装

图 2-27　可爱的儿童服装

儿童的审美趣味会伴随年龄增长表现出由色彩鲜艳、对比强烈向协调、柔和方向转变。

（2）性别。虽然研究者们对性别差异是否会造成对颜色认知的不同众说纷纭，但研究结果表明：性别不同对色彩的认知是不同的。不仅表现在男性和女性对于某种色彩的喜好程度不同，不少女性和男性对于色彩搭配的习惯也存在差别。或许是由于社会的历史习俗的关系，女性的服装色彩往往比较丰富，而男性的服装色彩则相对单一。因此，女性比男性对色彩的认知度更高。在实际应用时，只要掌握好着装的目的、场合，一般来说，女装的服装用色其选择自由度是相当大的。事实上，随着人们对美的认识的不断提高，固有的观念被打破，女装的用色获得了极大的发挥余地。现代社会对于男子的责任与要求，决定了男子服装需表现男性的气质以及阳刚之美，男装的风格往往以挺拔、严谨为特点。所以，男装的选择除了着重于完美整体的廓型、简洁合体的结构比例外，沉着、和谐的色彩的应用也是必不可少的。男装的种类很多，从用途来说可以分为礼服、日常服和内衣三大类。男式礼服大致可分为燕尾服、晨礼服、套装三种。燕尾服和晨礼服属于正式礼服，色彩以无彩色系的黑白为主色调；套装为半正式礼服，颜色仍以深色为基调，如黑色、深蓝色等。在社会的传统观念中，男性肩负着家庭社会的双重责任，其稳重而富有责任感的形象，通过色彩的表达而一览无余。相对于男礼服而言，男式的日常服和内衣的色彩就丰富多了，尤其是用于日常休闲的服饰，色彩应用的局限性更小。随着社会的不断发展，人们生活水平的日趋提高，服装的色彩也日趋多彩。

（3）形体条件。个人形体条件，包括其肤色、高矮、胖瘦等基本条件，对于服装色彩的选择影响是巨大的。首先谈肤色，肤色可以说是服装的一个基本色。服装是人着衣后的状态。在考虑服装配色时，必须把服用者的肤色作为一个配色条件来考虑。早在原始时期，人们就开始借助人为的手段来达到美化自身的目的，文身便应运而生了。浅肤色的人种文身时，常用针刺破皮肤，并染上青黑等与其肤色明度相差较大的色彩以取得醒目的效果。而黑色人种则不然，黑人则往往采取划破皮肤使之结痂的方式来达到文身目的。在中国人的观念中，认为肤色白是好看的，所谓"一白遮三丑"，皮肤白，什么颜色的服装穿着都好看；而黑的肤色，则应"蔽"之，在考虑服装用色的时候就必须慎重。当然，黑人皮肤黝黑而身着色彩极为鲜艳的服装是另外一种服装用色。鲜艳强烈的色彩和黑种人的肤色形成强对比，即使服装的色彩纯度很高，明度很亮,因为有肤色的黑的衬托,效果总是和谐的,如图 2 - 28 所示。而黄种人的肤色偏黑,往往是呈黄褐色调的,这种色彩较难与其他色彩形成协调。不过,这种"黑"也不是一概而论的,有的人皮肤黑,黑里透红;有的人皮肤黑,黑而发黄。而且,由于不同的季节,阳光的照射程度不同,即使是同一个人,在四季里的肤色也不尽相同。一般说来,肤色偏黑的人忌用浅亮的明黄、橙、粉红以及深沉的深褐、驼等色彩。其实,当黄种人在选择能使其漂亮的服装色彩和化妆品色彩的时候,可以遵循平衡的原则,即:平衡好脸部皮肤的色调,头发颜色,黑色的眼睛之间的对比关系,以及使这种对比关系显出漂亮的色调。如对比强烈的黑白、鲜艳的纯色。在现实生活中,有人不顾及自己的实际肤色,盲目跟随潮流改变头发色调,可是却忽视了发色和肤色的和谐,以致破坏了天然的搭配而产生矫饰的效果。黄种人微黄的肤色配合以深色的眼睛和头发,皮肤色与发色相得益彰,如果盲目地追求时尚将头发染为金色,发色与肤色明度相当,很容易将人的脸色衬托得暗淡无光。同样道理,在服装的配色中,和肤色过于接近的面料颜色很难穿出漂亮,容易造成精神不振的萎靡效果。不过,一般而言,浅淡色系以及小花纹的服装,穿着的效果都比较好,它的反光能使脸部更富有色彩和生气。

另外,人们还可以利用视觉上对于色彩的错觉,巧妙选择服装色彩,以弥补体型等方面的不足。如图 2 - 29 所示,暖色服装具有扩张感,而冷色的服装具有收缩感,因此,往往胖的人适宜穿冷色和明度低的颜色,瘦的人宜穿亮色、暖色、对比色等带有膨胀感的颜色,以及大花、宽条、斜条的面料,这样可以使其看起来形象显得丰满一些;矮的人适宜淡而柔和的色调,服装的下摆和底边不要有明显的色彩分界线;至于桶形体型的人其服装的色彩和花形都可以繁复一些,同时如选用深色的腰带则可以使腰看起来瘦一些……

图 2 - 28　肤色与服色搭配相得益彰　　图 2 - 29　暖色服装有扩张感,冷色服装有收缩感

总体而言,在具体进行服装配色时,还是应因人而异,切不可流于程式,犯概念化的错误。

第二节 面料的选择与组合

面料是服饰色彩及图案的载体,服装艺术常常被称为是"面料的软雕塑",面料在服装中占有极为重要的作用。21世纪是一个新工业新技术广泛使用的时代,服装材料的种类更为广泛。由于面料质地、肌理、手感到性能的不同,服装所表现出来的视觉效果也截然不同。懂得服装的面料与种类,灵活应用材料要素,是服饰搭配的重要基础。

面料的质感分为触感和视感两类。触感是触摸织物材料而感受到的,触感在面料上表现为不同厚薄、软硬、粗细、光洁度的大小等。如棉纺织物多易起皱,弹性较差,精梳棉纺织品往往手感细腻;毛织物则手感丰满厚实有弹性。视感是用眼睛可以充分感受的,就面料来说,可以笼统地概括为对颜色及图案的感受。用三棱镜对日光进行分解,会呈现赤橙黄绿青蓝紫的不同色光;不同的纤维织成的面料,对色光的反射、吸收、透射程度各不相同。即使用同一色的染料对不同面料进行染色,由于其表面光滑程度不同,色彩也会呈现差异。如同一种黑色,在棉布上显得非常质朴,可是在丝绸上就显得高贵华丽。服饰搭配时仅仅借助于色彩的力量是远远不够的,如能熟悉面料质感,即便是同一色的服饰搭配组合,依旧可以利用面料质感与触感的差异,营造出丰富的服饰层次。

不同种类的面料具有不同的质感与触感。

一、面料的基本种类

(一)按照加工方式划分

1. 纺织制品

服装使用最多的针织和机织的面料属于纺织制品,针织物多由线圈组织呈连环套形式构成,松散而具有弹性;机织物多由两大系统的纱线交织而成,呈经纬向排列,平整精密。各种线、绳、带、花边等都属于纺织制品。

2. 皮革与毛皮制品

天然的取自动物毛皮,如牛羊皮、貂皮、狐皮等,属于较奢侈的服用面料。

3. 纤维集合制品

如毡、非织造布、填充物等即为纤维集合制品。

(二)按照原料品种分类

1. 天然纤维织物

有以天然植物纤维为原料的棉织物,麻织物,有以动物毛皮纤维为原料的毛织物,如羊毛织物、驼毛织物,有以动物腺分泌物为原料的丝织物,如蚕丝织物;有天然皮革与毛皮制品。

2.化学纤维织物

有人造纤维物,如黏胶纤维、醋酯纤维织物;有合成纤维物,如涤纶、腈纶织物等。

二、面料的性能与风格

(一)棉织物

具有良好的吸湿性、透气性,穿着柔软舒适,保暖性好,服用性能与染色性能好,色泽鲜艳,色谱齐全,耐碱性强,抗酸能力差,耐热光,弹性差,易折皱,易生霉,但抗虫蛀,是理想的内衣料,也是物美价廉的大众外衣面料。棉织物常与涤纶、莱卡混纺,以提高其弹性和抗皱性能等。按照纱线的构造以及织造方法的不同,棉织物还有许多品种,其风格不一,适合的服装种类也各不相同。

纯棉织物由纯棉纱线织成,织物品种繁多,花色各异。它可按其色泽和加工方法的不同分为原色棉布(坯布)、色布与花布、色织布三类;也可按织物组织结构分为平纹布、斜纹布、缎纹布。

1.原色棉布

没有经过漂白、印染加工处理而具有天然棉纤维色泽的棉布称为原色棉布。它可根据纱支的粗细分为市布、粗布、细布,可用做被单布、坯辅料或衬衫衣料。

2.色布、花布

这类布由各类白坯布经印染、漂白而成。根据不同色彩可分为素色布、漂白布、印花布。素色布指单一颜色的棉织物,一般经丝光处理后匹染。漂白布指由原色坯布经过漂白处理而得到的洁白外观的棉织物,可分为丝光布和本光布两种。丝光布表面平整光泽好,手感滑爽;本光布表面光泽暗淡,手感粗糙。漂白布一般用来制作内衣、床单等。印花布由白坯布经印花加工而成,有丝光和本光两类。适合制作妇女、儿童服装。

3.色织布

用染色或漂白的纱线结合组织及花型的变化而织成的各种织物。常见的品种有线呢、条格布、劳动布等。

(二)麻织物

强度、导热、吸湿比棉织物大,对酸碱反应不敏感,抗霉菌,不易受潮发霉,色泽柔和,不易褪色。常与棉、涤、毛等混纺以改善其易皱、弹性差的性能。麻织物常常用作夏季服装、休闲服装。

(三)毛织物

坚牢耐磨、保暖、有弹性、抗皱、不易褪色。毛型织物品种非常丰富,可将其归类,根据使用原料有全毛织物、含毛混纺织物、毛型化纤织物,根据生产工艺及外观特征有精纺呢绒、粗纺呢绒、长毛绒和驼绒等。

1. 精纺呢绒

精纺毛织物是由精梳毛纱织造而成。主要品种有华达呢、哔叽、花呢、凡立丁、派力司、女式呢、马裤呢、啥味呢等。常用于高档的西服、职业套装、大衣、礼服等。

2. 粗纺毛织物

粗纺毛织物是由中、低级改良毛、土种毛等所纺的粗梳毛纱织造而成,其纱线粗,毛纱内纤维排列不够整齐,毛纱表面有毛茸状。粗纺毛织物的主要种类有麦尔登呢、海军呢、大众呢、制服呢、拷花大衣呢。常可制成大衣、套装、时装等。

3. 长毛绒

长毛绒又名海虎绒或海勃绒,为起毛立绒织物。是由两组经纱(地经与毛经)与一组纬纱用双层组织织成,经割绒后得到两片具有同样长毛绒的织品。长毛绒通常是用棉线作为地经与纬纱,只有毛经才用毛纱。可分为素色、夹花、印花、提花等品种。适用于冬季女装、童装、衣里、衣领、帽子及沙发布等。

4. 驼绒

驼绒也叫骆驼绒,属针织拉绒产品,因羊毛染成驼色而得名,是用棉纱织成地布,粗纺毛纱织成绒面,经拉毛起绒而形成毛绒。在裁剪时应注意驼绒绒毛的顺向,以免拼接不当,影响外观。常见的驼绒品种有美素驼绒、花素驼绒、条子驼绒等。适宜制作各种衣、帽、鞋的里料。

(四)丝织物

丝织物多为夏季服用面料,手感柔软滑爽,有自然的丰润光泽,色泽鲜艳、光彩夺目,吸湿、耐热,穿着舒适,是高档的服饰面料。传统的丝织物不耐光、易褪色,不抗皱。现代丝织物的加工工艺进行了改良,在抗皱、保持色彩鲜艳度等方面有了很大的改进,具有很好的服用性能。根据纺纱加工工艺的不同,丝织面料呈现迥异的外观。

1. 绫类丝绸

绫类丝绸按原料分,有纯桑蚕丝织品、合纤织品和交织品。绫类织物的地纹是各种经面斜纹组织或以经面斜纹组织为主,混用其他组织制成的花素织物,常见的绫类织物品种有花素绫、广陵、交织绫、尼棉绫等。

2. 罗类丝绸

罗类丝绸织物的品种有横罗、直罗、花罗。罗类丝绸产于浙江省的杭州市,因此又称杭罗。杭罗由于历史悠久,品质优良,成为罗类织物的传统名品,驰名中外。一般作夏季衣物。

3. 绸类织物

绸是丝织品中最重要的一类。绸类织物品种很多,按所用原料分,有真丝类、柞丝类、绢丝类、合纤绸等。一般市场常见的丝绸有美丽绸、斜纹绸、尼龙绸等。美丽绸多是纯人造丝产品,它的绸面色泽鲜艳,斜纹道清晰,手感平滑挺劲。主要用途是做高档衣服的里绸。

4. 缎类织物

缎类织物俗称缎子,品种很多。缎类织物是丝绸产品中技术最为复杂,织物外观最为绚丽多彩,工艺水平最为高级的大类品种。我们常见的有花软缎、素软缎、织锦缎、古香缎等。花软缎、织锦缎、古香缎可以做旗袍、被面、棉袄等。素软缎常用于制作晚礼服。

5. 绉类织物

运用织物组织或运用各种工艺技术,使织物表面获得绉效应。这种表面均匀起绉的丝绸织物统称为绉类丝绸。绉类丝绸的品种很多,常见的有双绉、碧绉、留香绉等,绉类可以做各种衣服。

6. 绢类丝绸

常见的有天香绢、筛绢等。常用作妇女服装,童装等。

7. 绒类丝绸

常见的有乔其立绒、金丝绒、申丽绒、利亚绒等,常作帷幕、窗帘、旗袍和其他服装。因其有倒顺毛之分,制作服装时需保持绒毛的一致倒向;熨烫时不能用熨斗直接在面料表面压烫,而需再覆盖上一层其他面料再予以压烫。

(五)化学纤维织物

化学纤维分为再生纤维素纤维、合成纤维(涤纶、锦纶、腈纶、维纶、丙纶、氨纶)和无机纤维。再生纤维素纤维吸湿、透气、手感柔软,穿着舒适,有丝绸的效应,颜色鲜艳,色谱全,光泽好易起皱,不挺括,易缩水。涤纶面料挺括,抗皱,强力好,耐磨,吸湿差,易洗快干,不虫蛀,不霉烂,易保管,透气差,穿着不舒适,易吸灰尘,易起毛起球,为改良其服用性能往往加入天然纤维、再生纤维素纤维混纺。腈纶弹性和蓬松性类似羊毛,强度高,保形,外观挺括,保暖耐光,吸湿性较差,舒适性较差,混纺后有所改善。维纶强度好,吸湿,不怕霉蛀,不耐热,易收缩,易起皱,质地结实耐穿。丙纶强度、弹性好,耐磨,不吸湿,不耐热,外观挺括,尺寸稳定。氨纶弹性好,伸阔性大,穿着舒适,耐酸、耐碱、耐磨、强力低、不吸湿。

(六)针织类织物

针织物是由纱线编织成圈而形成的织物,主要分为:纬编和经编。纬编针织物常用于毛衫和袜子等,经编针织物常用做内衣面料,手工编制也是纬编的编制方法。针织品中以纬编针织物所占比重最大。纬编针织物主要有基本纬编针织物,如纬平针织物、罗纹织物、双反面针织物;特殊纬编针织物,如双罗纹针织物、双面针织物、长毛绒、针织毛圈、针织天鹅绒等。针织品类面料多具有良好的弹性。

(七)裘皮及皮革类

皮革材料讲究手感柔软不板硬,身骨丰实富有弹性。常用的裘皮有狐皮、貂皮、海豹皮、水獭皮、羊皮、兔皮等。常用的皮革材料有羊皮、牛皮、猪皮等。裘皮及皮革多在秋冬季穿用,风格独特引人注目。

不同种类的面料在服用时常见的性能与风格见表2-2。

表2-2　不同种类的面料性能与风格

面料种类		性　能　与　风　格
棉织物	原色棉布	布身厚实、布面平整、结实耐用,缩水率较大
	色布、花布	根据印花方式不同,其外观效果不同,多为正面色泽鲜艳,反面较暗淡
	色织布	比普通印花棉布更具立体感,花型丰富多彩,染色均匀,色牢度高
麻织物		不易褪色,熨烫温度高,易皱、弹性差,表面肌理粗犷,具有休闲的风格特征
毛织物	精纺呢绒	质地紧密,呢面平整光洁,织纹清晰,富有弹性,有含蓄、高雅的风格特征
	粗纺毛织物	保温性能强,外观较粗犷,手感厚实丰满,风格独特,富有个性
	长毛绒	绒面平整,毛长挺立丰满,手感柔软蓬松,质地厚实有弹性
	驼绒	绒身柔软、绒面丰满、伸缩性好、保暖舒适
丝织物	绫类丝绸	质地轻薄,手感柔软
	罗类丝绸	风格雅致,质地紧密、结实,纱孔通风、透凉、穿着舒适、凉爽
	绸类织物	手感柔软,色泽鲜艳,穿着舒适
	缎类织物	外观绚丽多彩,古香缎、织锦缎花型繁多,色彩丰富,纹路精细,雍华瑰丽,具有民族风格和故乡色彩;素软缎光滑明亮,手感顺滑
	绉类织物	表面均匀起绉,手感柔软,色泽鲜艳,柔美,有弹性
	绢类丝绸	质地轻薄,坚韧挺括平整,其缎花容易起毛
	绒类丝绸	外观有绒毛,质地比较坚牢。手感良好,庄丽华贵,有倒顺毛之分,绒毛的倒向不同面料呈现出的色彩会有一定差异,熨烫成衣时易产生极光
化学纤维织物		外观风格与所模拟天然纤维面料相类似
针织类织物		具有一定的弹性,针织内衣伸缩性好、柔软、吸湿、透气、防皱;针织外衣往往花型美观,色泽鲜艳,挺括抗皱,缩水率小,易洗快干,但透风,抗寒保暖性差
裘皮及皮革类		天然裘皮舒适温暖;人造皮毛外观美丽、质地松,轻、易保藏,可水洗,但防风性差,掉毛率高;天然皮革遇水不易变形,但大小不一,加工难以合理化;人造皮革特性质地柔软,穿着舒适,美观耐用、保暖、防蛀,尺寸稳定。裘皮及皮革类材质不毛边,使用拼接、镂空、流苏等工艺可呈现丰富的视觉效果

除了由于面料材料所形成的肌理差异外,在面料的织造过程中所有意加工形成的艺术特性以及纹理也具有特殊的视觉效果。如将棉绒织物织成具有凹凸花纹的浮雕效果,或是使之按照规律褶皱,如树皮绉、梯形绉等,都具有特殊的表现力。另外,随着科技的进步和发展,服装面料的开发也为服装的设计和风格的创新提供了空间,如新型珍珠面料、玉米纤维面料等的面世,不但提供了更为舒适的着装材质,也为服装设计师提供了新的设计思路。

三、面料的质感、视感的组合

面料的质地和纹理源于材料纤维的原质，又出于人工的织造。不同的原料所织造成的面料质地必然存在很大的差异，而即使是同样以蚕丝织成的面料，缎的柔滑细腻与光亮度低、悬垂性好的双绉，也有着各自不同的风格。在进行搭配设计时，综合考虑面料的质地、结构、肌理等因素的配比可以起到很好的视觉效果。考虑以上因素的不同，服饰搭配时可以分为以下几种风格。

(一)同色同质法

同色同质法是指由色彩、材质相同的纯色或是花色面料制成的服饰相搭配形成的风格。图2－30中三套服装皆为同色同质的服饰搭配，图2－30(a)由同一块纯色面料制成的上下装(或里外装)搭配组合而成；图2－30(b)则为系列设计的纯色与花色面料结合的上下装(或里外装)搭配组合，它们色彩和材质相同，但花型相异，也属于同色同质法搭配范畴。同色同质搭配法表现的是单一服饰面料的特性，故给人浑然天成的整体视觉效果，容易搭配和谐，但由于面料缺乏对比往往容易显得单调、呆板、缺乏生气。职业服装常用此搭配方式，以表现职业装端庄、稳重的款式特点，如图2－30(c)所示。另外一些及富有个性特征、而与其他的面料较难相配的服饰也可采用此风格搭配法。

(a)　　　　　　　　　　(b)　　　　　　　　　　(c)

图2－30　同色同质法

(二)同色异质法

同色异质法是指由相同色彩、材质相异的面料制成的服饰相搭配形成的风格。该风格可以是由相同色彩或相同花型但材质不同的上下装,或是里外装搭配而成;也可以是由材质各异但色彩相通的花色面料、纯色面料或两者相结合的面料制成的服饰搭配而成。这种搭配方式可以更好地表现面料的特性,通过交叠、错位、拼接等多种设计手段,突出面料的质感视觉效果。此类搭配忠实地体现了不同面料的特性,具有很强的整体感,但对于面料的性能以及质感对比的"度"的把握,是设计搭配的前提。图2-31,色彩相同但面料的材质不同,增添了服装的层次感,使服装形象更为丰满。

图2-31 同色异质法

(三)异色同质法

异色同质法是指由不同色彩、相同质地的面料制成的服饰相搭配形成的风格。由于相同的质地带来了相近的服用性能,如面料的手感、透气性、吸湿性、饱暖性等,穿着者可以体会统一的质地所带来的由内而外的和谐感。该风格可以是色彩相异、材料、制造方法完全相同的面料进行组合搭配,也可以是色彩相异、材料相同但织造方法相异的面料制成的服饰的组合搭配。如真丝雪纺与真丝织锦缎,一个轻盈飘逸,一个富丽堂皇;棉质薄纱与棉质牛仔面料,一个轻薄透气,一个厚实粗犷。

异色同质法的服饰组合,重点在于色彩把握。设计搭配者要了解服装色彩的物理性能,穿着者的生理规律以及心理效应,在美学原则的指导下进行。一般说来,除花型服装面料的色彩外,在服饰搭配时同一套服装的色彩是不宜过多的,从总体上来说,最好是将整体的色彩统一在一个大的色调之中,并有一定的变化和对比。色彩的色相种类越多,越容易产生繁复之感,因而也就越需要有一个色彩能在其中起到统调的作用。尤其是色彩相异、材料相同但织造方法相异的面料制成的服饰组合搭配,面料的质地差别使服装具有更为丰富的视觉效果,过多的色彩种类堆积容易造成视觉疲劳,影响服装的整体感。多色配色时,可以把一色、或二色作为基础来加以考虑,采用大统一协调,小对比的方法进行定色、定调,这样产生出的效果既统一又有变化,从而形成多色配色的各种节奏对比调子和技法。

异色同质法色彩的处理通常有以下几种手段。

1. 换色法

换色法是指定形、定位而不定色的配置方法,也称换调。有彩色与无彩色的组合花纹中就包含有二色、三色的转换,即有彩色与无彩色的面积、位置的转换。无彩色起到了统一性的印象和联系,使互相对比的色彩有了互相联系的因素,配色效果既统一,又有对比,如图2-32所示。

2. 阻隔与包围法

在多色配色中,把第三色插入对比的二色之间,改变其色调的节奏,或者当两个大面积色块明度,纯度极相近时,可以插入另一个色进行调节。这个第三色必须是小面积的,如色条、色线、色束等的形式。通过第三色阻隔或包围的形式,使高调变为中调,使中调变为弱调或强调;使弱调变为强调或中调。

第三色通常用黑色或白色或灰色阻隔或包围强烈的反差色。有时采用金、银色和各种有彩色充当第三色。使用有彩色时,应注意强调明度的对比变化。色相强调补色关系,纯度强调高饱和度的色彩,如图2-33所示。

3. 渐变法

渐变法是指必须用三个以上的色阶或阶段的结构形式,以规则渐变的变化过程,使视觉从一色转到另一色的渐进效果。强调间隔相等,以秩序取得和谐的效果。使强对比的色彩因此而统一起来,具有独特的韵律感和节奏感。主要有色相渐变、明度渐变、纯度渐变和面积渐变四种技法,如图2-34所示。

4. 优势法

在多色配色中,色相、明度、纯度关系错综复杂,很容易产生不调和,但采取聚集的各色中,共同加入一种色彩倾向,就能缓和原来的对立状态,获得配色的协调。优势法也称为同色构成法。同色构成法在处理色彩关系中手段简明,设计者可在烦琐的配色中判断、检查以及理智运筹,于色彩调配中,形成配色控制优势,如图2-35所示。一般有色相优势、明度优势和纯度优势三种方法。

5. 透叠法

非发光物体除了因反光给人们色彩感觉外,还有因透光给人带来的色彩感觉。透明的衣料重叠时,会产生新的色彩感觉。如大红叠柠檬黄时其色彩感觉接近橘黄;黑色叠玫瑰红时其色彩感觉接近深红;蓝绿叠品红时其色彩感觉接近青莲或紫红。二色相叠可得到相当

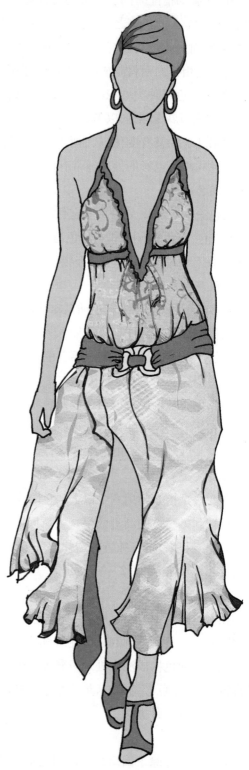

图 2-32　换色法　　　　　　　　图 2-33　阻隔与包围法

图 2 - 34 渐变法　　　　　　　图 2 - 35 优势法

于二色的中间色,纯度下降。双方色差越大,纯度也越低,但完全相同的色相叠置时,纯度会提高。透明衣料重叠一次,色彩明度必然下降。当补色相叠时,明度下降更为明显,如图2-36所示。

如图2-37所示的面料质地相同,达到统一的美感,色彩在统调的基础上又有一定对比且又相呼应。

(四)异色异质法

异色异质法是指由色彩、质地相异的面料制成的服饰相搭配形成的风格。该风格不受材料及其色彩的限制,搭配的余地相当大,产生的效果变化莫测,给服饰搭配者广阔的设计空间。但需要在熟悉面料及色彩性能的基础上加以灵活应用,否则容易形成含糊不清、混乱的视觉效果。

图2-38表现的服饰形象,运用了异色异质的服饰面料搭配手法,面料组合时,充分注意运用了面料视感与质感差异,或是将上下装及配饰之间的色彩达到视觉的统一,并兼顾面料肌理对比关系;或是在透明与不透明、柔软与挺括的特性之间增加服装的层次感,若隐若现的肌肤将人体美表现得恰到好处;或是将有光与无光的面料融进同一服饰形象,以面料光泽的强烈对比,表现华丽端庄的视觉效果;又或是将诸多鲜艳的色彩合为一体,面料之间的质感差异减弱了,以色彩的视觉盛宴营造活泼、健康的服饰形象。另外,利用面料粗与细、厚与薄、平面与立体、色彩的鲜与灰等的对比,

图2-36 透叠法

也是异色异质常用的搭配技巧:只要充分运用综合形式美的原则进行对比、协调、统一等安排,就能达到统一中有变化,变化中有和谐的视觉效果。

总体而言,服装的质感以及视感的组合所共同创造的美,构成了服饰的综合形象美。不论是色彩还是面料的肌理、纹饰,各种服饰整体的构成要素必须统一在同一种风格中,如果风格各异,即使各自本身再美,也很难达到综合形象的和谐之感。色彩、肌理、纹饰与服装的

图 2 – 37　异色同质法

图 2 – 38　异色异质法

关系是,色彩是服装不可缺少的因素,由于色彩服装才具有了鲜明的视觉效果;肌理在服装上的表现有强弱之分,无任何肌理效果的服装是不存在的,巧妙的肌理选择可以使服装形象更为生动;纹饰不是服装必备的因素,但自古而来纹饰却是服装上最常见的装饰因素,从面料上的纹样装饰到配件上的纹饰效果,都增强了服装的艺术性;色彩、肌理、纹饰结合在服装这样一个综合的形象之上,发挥着同样重要的作用,服装是色彩、肌理、纹饰的载体,没有服装,色彩、肌理、纹饰之美便无从谈起。服装的综合形象美,来自于服装造型、面料色彩、肌理、纹饰等多个因素的组合体现,具体到每一套服装的搭配组合,却是灵活的。从服装美学的角度而言,服装造型、色彩、肌理、纹饰风格统一,是比较容易达到和谐的视觉效果的,但是也不能够一概而论,有时打破常规的风格组合往往能够起到意想不到的效果,如飘逸丝绸面料与厚重呢质面料的组合、粗犷毛皮质地与华贵缎质面料的组合等,并非全然不可。在服饰的搭配时,可以打破常规大胆创新,不拘泥于形式,能够掌握服装综合美的规律,这是服装设计师的最佳选择。

四、面料的二次设计创新

面料作为服装的三要素之一,经过再次的设计与改造会呈现出丰富的肌理效果和炫目的色彩,现代的服装设计已经不仅仅局限于款式造型上的变化,面料的设计与变化也极为重要。通过对面料的二次设计,使设计师根据服装的需要对现成的面料进行加工,使之产生新的视觉效果。如著名设计师三宅一生,在致力于艺术与实用的基础上,尤其善于运用面料的二次设计,著名的"一生褶"就体现了面料二次创意的无限魅力,在面料褶皱上高超的造诣,使他的设计受到了服装界的赞誉。

服饰搭配艺术重在服饰形象的塑造,无论是生活服饰形象的塑造还是出于商业、表演目的的需要,人们对于服饰形象独特性的要求越来越强烈。对服饰搭配者而言,更多的是面对已有的成衣进行组合与设计,成衣生产大批量的现状很难保证服饰搭配的唯一性。如果能够巧妙利用面料二次设计的手段,不但能够提升服装的视觉审美风格,同时能够更好地满足人们的个性化艺术和情感消费需求,使服饰形象更加具有个性。与服装款式设计不同的是,服饰搭配艺术中面料的二次设计主要是在成衣基础上的再加工,方法总结下来可以分成三大类。

(一)加法设计

加法设计是在面料表面进行附加的处理,如手缝使面料产生褶皱、装饰线等肌理效果,各类绣花,拼布、缀珠等,如图2-39所示。

手缝增加面料的肌理效果可以产生类似浮雕的立体肌理感,也可以以装饰拼接的手法使面料表面呈现更为丰富的色彩效果、图案效果。手缝的常见手法有皱缩缝、细褶缝、绗缝等。使用手缝法的服装可以是比较薄的面料,在面料上以一定的间隔,从面料的正、反面缝出细褶,表现立体浮雕图案的技艺。在表现面料立体肌理效果时,有时还使用一些有色彩的

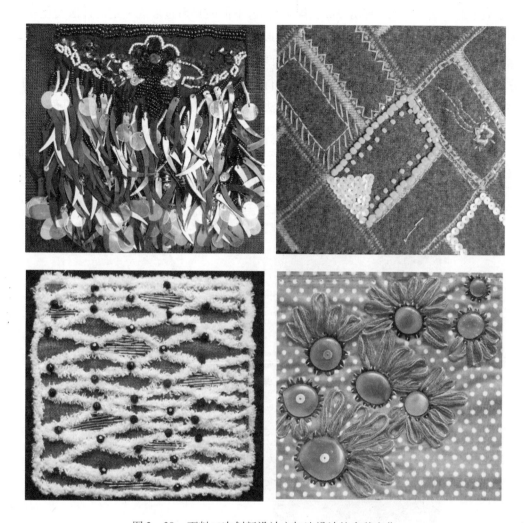

图 2-39　面料二次创新设计之加法设计的多种变化

明线进行装饰,以呈现更为丰富的肌理效果。由于此类手法往往会使面料出现一定的缩率,因此在成衣上使用时必须注意,不要一味追求立体效果而忽略了服装长短、宽窄的需求,以免影响服装的正常穿着。

面料拼接也是手缝的重要手法之一,如以刺绣的花式线迹将面料进行拼接,会形成特殊的装饰效果,尤其运用于素色面料,可丰富织物的肌理变化。借助拼接手法改变成衣面貌,如果熟知服装结构,则可以将服装局部分解,在适当的位置拼缝上所需的不同肌理或是不同花纹、色彩的面料,使服装产生类似透叠、错色等多种的装饰风格;如果对服装结构比较生疏,则最好在服装基础面料上叠加拼缝,同样可以取得不错的效果。

刺绣是我国传统的装饰手法,比较典型的刺绣手法有彩绣、抽纱绣、打籽绣、网眼布绣、贴布绣、镂空绣、珠绣、绳饰绣等。以彩绣为例,其针法有 300 多种,在针与线的穿梭中形成点、线、面的变化,也可加入包芯,形成更具立体感的效果。又如抽纱绣,将织物的经纱或纬纱抽去,对剩下的纱线进行各种缝固定形成透视图案的技法。镂空绣则是刺绣后将图案的局部切除,产生镂空效果的手法。再如打籽绣、珠绣、绳饰绣等,不但能够通过形成一定的针法变化在面料的表面形成不同的图案纹理,还能够在面料上形成立体的手感。不同的刺绣手法还可以配合使用,给服装增添意想不到的效果。在成衣上进行刺绣装饰可根据款式的需要来定位花型,操作比较方便。传统刺绣手段多是在素色的面料上进行,但成衣上的刺绣装饰完全可以不必拘泥于此,一些印花面料制成的服装同样可以使用刺绣手法进行二次加工,在印染着平面花纹的面料上加上立体的珠绣或是包芯绣,不但增加了面料的层次感,同时也打破了千人一面的面料外观。

图 2-40 所示为服饰形象,其面料充分运用了加法的二次设计,通过绣纹、做褶、叠加层次等不同技法,使服饰具有全新的面貌。

图 2-40 面料的二次创新——加法

（二）减法设计

　　减法设计是通过镂、撕、烧、磨损、腐蚀等破坏性的手法对面料进行再设计，形成独特的风格，如图2-41所示。著名设计师武学伟、武学凯兄弟在参加兄弟杯大赛时，就以一系列真皮镂空，模拟中国传统剪纸风格的服装一举夺魁，大红的皮质进行镂空处理，皮质的独特弹性赋予剪纸弹动的活力，将西式礼服与中国传统元素完美演绎。而利用水洗、砂洗、砂纸磨毛等手段，让面料产生磨旧的艺术风格，一些牛仔风格的面料常常使用此类手法进行作旧处理，以达到粗犷的款式风格。

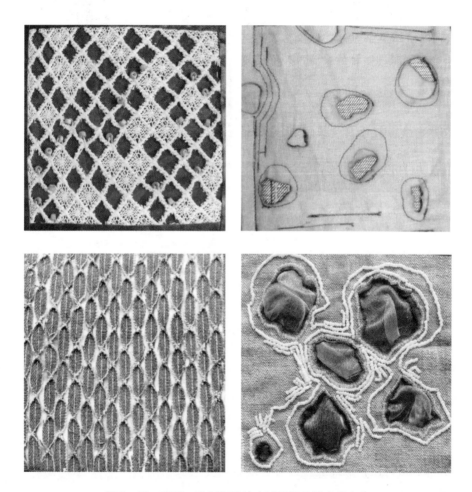

图2-41　面料二次创新设计之减法设计的多种变化

　　抽纱也是减法设计的重要手段之一，抽纱是依据设计的图稿，将面料的经线或纬线酌情抽去，然后加以连缀，形成透空的装饰花纹。

　　火烧法、腐蚀法都是在面料上加以破坏性的处理，或是利用烟头在成衣上烫出大小、形状各异的孔洞来，或是利用化学药剂的腐蚀性能对面料的部分腐蚀破坏，再进行设计深加工。图2-42中的服饰借助了面料减法的二次设计，使服装增加了层次感，经过破坏的面料形成的镂空花型极富装饰性。

图2-42　面料的二次创新——减法

减法设计具有很大的偶然性,且破坏后无法恢复,其完成效果往往出人意料。因此,在成衣上进行减法的破坏性改造,最好先用同质的面料小样试验,待效果确定后再运用到成衣上。

(三)其他设计法

除了对面料的加减的处理手法外,不改变面料的表面肌理,而对面料的纹样、色泽进行设计与变化也是常用的手法。如通过手绘、扎染(图2-43)、印染、蜡染、数码喷绘等。这是通过特定的手法、染料,根据服装的需要按照设计师的意图,将创作意图以染、印、绘画、喷绘等手段表现在服装的表面的方法。如手绘法,就是运用染料或丙烯涂料按设计意图进行绘制,颜色深浅浓淡,可以很好地表现设计师的设计构思。手绘对图案和色彩没有太多限制,但是手绘不适合涂大面积颜色,尤其是应用丙烯颜料绘制时,大面积的色彩会使涂色处变得干硬。

扎染、蜡染是我国独具特色的印染风格,很多少数民族非常喜爱使用扎染、蜡染进行服装的染色处理。扎染是通过捆扎、缝扎、折叠、遮盖等扎结手法,而使染料无法渗入到所扎面布之中的一种工艺形式,蜡染是通过将蜡融化后绘制在面料上封住纱线,从而起到防止染料浸入的一种形式。图2-44是兄弟杯服装设计大赛优秀奖作品"竹简遗风",蜡染手法的运用与服装款式相得益彰。

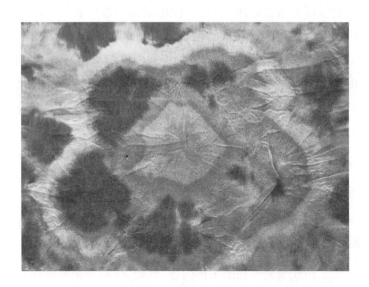

图 2-43 面料的扎染设计

图 2-44 面料的二次创新——蜡染

　　手绘、扎染、蜡染等手法在成衣上进行大多比较便利,只要控制好所需纹样的位置即可,但如果能够先在相同的面料小样上试验再改变成衣,则可以更好地掌控设计效果。尤其是手绘法,初学者常常掌握不好颜料的浓淡,加之不同的面料着色性能也不同,要么颜料干涩,要么颜料大面料渗开,往往达不到预期的效果。

　　现代服饰搭配艺术,在美的前提下,又注重服饰形象的个性化,服饰搭配艺术是服饰形象的一种创造活动。面料的二次设计不仅是服装设计师们借以表达设计构思的手段之一,同时也是服饰搭配者发挥创造性思维,塑造个性化服饰形象的有效手段。服饰搭配并不意味着将服装设计师已有的作品进行简单的组合搭配,而是服饰搭配者要在服饰形象的设计过程中融入自己对于美的感悟,甚至对服饰进行不同程度的改造与调整,利用各种技法从面料的色泽、肌理和图案上获得极其丰富的视觉感受,改造出既带有强烈的个人情感内涵,又独具美感和特色的服装,使之更具个性和神采。面料的二次设计为服饰搭配打开了一扇通往创造性的大门,大大丰富了服饰搭配艺术的内涵。

第三节　款式造型的选择与搭配

一、服装款式造型的基本内容

服装的款式造型是构成服装外貌的主体内容,此处,指的是服装的样式。主要包含以下几方面的内容:

(一)服装轮廓结构

又称服装廓型,是服装正面、侧面外沿周边的轮廓,是决定服装整体造型的主要特征。简单地说,服装的廓型可以以直线型和曲线型来进行概括。20 世纪 50 年代,迪奥在服装构思方面以拉丁字母概括了服装的廓型,如 H 型、A 型、X 型、S 型、O 型等,如图 2 - 45 所示。H 型服装特征是腰肩臀无明显的差别,一般细部也比较简洁,在西洋服装史上曾被看成新女性的象征;A 型服装是 1955 年由迪奥首创,以其创出的 A 型裙为代表,A 型裙至今仍然受到不少女性的青睐;X 型服装的特点是宽肩细腰,大臀围,放下摆造型,最接近人体的自然线条,女性化强烈,是现代女装的主要造型;S 型是指服装侧面的 S 形,可以充分表现女性美,常用于高级女装设计。

图 2 - 45　O 型、H 型、A 型的服装

（二）服装内部的线条组织

服装上的线条按其功能可分为结构线，如肩、摆、袖、省道等处不可缺少的实际缝线；结构装饰线，有明线与暗线两种，这种线条不仅本身要合理、协调，同时还要具有一定美感。

（三）服装细节设置

服装的细节包含服装零部件，如领子、袖子、腰带、口袋、扣子及其他附件。服装零部件的设置要符合美学的原理，又要符合功能要求；服装细节还包括服装的装饰手法，如绣花、镶边等工艺手法的运用，装饰手法有时会成为服装的点睛之笔，增加服装的可看性。

二、款式造型与服饰搭配

（一）廓型与服饰搭配

服饰搭配离不开上下装、里外装之间的组合，由于廓型是服装外沿周边的线条，因此服饰搭配所考虑的廓型关系主要指上下装的组合。比较讨巧的搭配方式是，相互组合的上下装廓型有张有弛，在收放之间表现人体线条。如上装为硬朗的 H 型直身风衣，则下装以贴身、下部微放的小喇叭裤为宜，廓型一直一曲，一放一收，洒脱而不臃肿；如上装紧身合体，很好地勾勒出了人体的轮廓，下装再配以贴身的弹力裤，这样的廓型组合往往显得单薄且易显体型缺陷，如果下装搭配下摆扩张的 A 型裙，则是绝好的选择。

另外，服装的廓型选择还需考虑面料的软硬质地，有的面料柔软贴体，有的面料张扬而富有弹性，即使廓型相同，其着装后的效果也是完全不同的；更重要的是，人的体型有胖有瘦，有高有矮，现代人体以修长为美，服饰搭配也必须以此为参照，不同形体特征的人应该按照自己的身体实际条件选择不同廓型的服装。

（二）服装内部线条组织与服饰搭配

服装的结构装饰明线对服装的外观风格有一定影响，因而间接地对服饰搭配的最终效果也会产生或多或少的冲击。如具有中性风格的服装，往往多运用与面料异色的缝线做装饰，牛仔服就是一个很好的例子，与面料形成鲜明对比的亮黄色缝线勾画出率性的风格特征，因此这样的服饰往往需要选择风格相同或是相近的裤装相搭配。

服饰搭配更多的是服饰风格的融合与碰撞，服装装饰明线条很多时候可为判断服饰的风格特征提供有力的帮助。

（三）服装细节设置与服饰搭配

服装的细节——领子、袖子等零部件的搭配，主要的选择依据是人体，以扬长避短为宗旨，搭配原则将在第三章"服饰与人体的关系"中详细叙述。腰带属于服饰配件领域，搭配细则见第四章。

与绣花、镶边等工艺手法同样，口袋、扣子等服装附件某种程度上也属于服装装饰手法的一种表现形式。无论服装运用何种装饰手段，其必然会表现为某一种或是一类风格特征，如大量使用绣花、荷叶边的设计可能具有浪漫主义的风格倾向；多处使用镶边的服饰可能具有中式传统风格的意味；多明贴袋、大粒装饰扣的服装往往中性化趋势明显。

服装的细节设置仅仅只能作为风格判定的参考，风格是一个模糊的概念，服饰风格的判断是一项综合性的工作，涉及色彩、面料、款式造型等多方面元素，这些元素的千变万化使服装风格的判定没有一个明确的标准可依。服饰搭配是服饰综合风貌的组合，不能过多地拘泥于服饰的单元要素。

小结

本章节重点介绍了服装的两个重要组成因素——色彩、面料对于服饰搭配的影响，介绍了同色同质法、同色异质法、异色同质法和异色异质法四种不同的服装色彩与面料的组合方式。现代服饰设计，面料的运用已经不是单纯借助于其本身的材质，而是要对面料进行二次再设计，本章介绍了面料二次设计的一些基本手法，服饰搭配的设计者可灵活加以运用。

服装的另一重要组成因素——款式，是色彩与面料的载体，在款式的千变万化中，同样色彩、同样面料的不同组合构成了丰富的服装风貌。服装的款式造型涉及廓型、服装内部线条组织、细节设置三个方面，直接反映了人体着装效果，尤其是领、袖等细节，需针对人体不同部位的具体形态进行选择；服装是色彩、面料、款式造型的综合体，最直接的表现是风格，服装风格的表现与搭配是一个较为复杂的课题，本书将在后文中以专门的章节予以叙述。

思考题

1. 结合自己的理解，谈谈服装搭配的色彩布局原则。

2. 如何从宏观的角度把握流行色在服饰搭配中的运用？

3. 根据面料的质感与视感划分，服饰的搭配有哪几种不同的方式？并分别加以阐述。

4. 试以某一服装设计师的作品为例，分析面料二次设计在其设计中起到的作用。

5. 用面料二次设计的手段改造一件服装或饰品，并对比改造前后的不同效果。

6. 考虑服装的款式造型要素，服饰搭配可以从哪些方面着手？

实践与应用——

服饰与人体的关系

课程名称:服饰与人体的关系

课程内容:款式的选配与人体美

服饰搭配与个人形象构建

课题时间:8 课时

训练目的:人体是服饰的载体,通过本章节的学习要求学生了解服饰与人体之间的基本关系,对服饰在个人形象塑造中所起的作用产生感性的认识。服饰形象的塑造离不开对服饰的有效管理,作为服饰搭配的学习者,应能对自身适合的服饰形象定位清晰的同时,进行有效的衣橱管理工作。

教学要求:1. 理论讲解。

2. 要求学生根据自己的实际条件,对自身服饰定位做一个清晰的判断。

课前准备:预习本章内容,并结合相关书籍,了解人体测量的相关知识。

第三章　服饰与人体的关系

第一节　款式的选配与人体美

一、服饰美与人体美

人体美的概念包含外在美和内在美两个方面。外在美指人外在形体的自然美感;内在美指人的本质,人类蓬勃向上的生命活力,以及通过人的表情及体态,传达出丰富多样、高尚纯正的思想境界。服饰的搭配应以体现人体的美感为宗旨。

服装借助造型、色彩、肌理、纹饰等因素创造出美的外观形象,但是服装并非单纯的艺术欣赏品,服装最终要与人体结合形成服饰形象。服装穿着于人体是动态的,所以服装是立体的艺术,服装的展示既有静态的表现,同时更多的是动态的表现,这是服装美与其他艺术美的不同之处。离开人体的服装是没有生命力的。

不同的时代,不同的社会、国家、民族和阶级,人体美的标准是完全不同的。如我们都知道"燕瘦环肥", 20 世纪 80 ~ 90 年代以来一直流行"骨感"美,21 世纪初流行界则开始强调健康美,反对过度"骨感"。同样,在国际时装舞台上,设计大师们对人体美的强调部位也随着流行而变化。20 世纪 80 年代以秀腿的表现为特点,90 年代以胸部和肩部的美化最为突出,后又流行以传达腰部的美为时尚……

无论流行如何变化,个人的形体条件是相对固定的,每个人的形体条件都会存在或多或少的差异。如有的人腰节偏长;有的人肩部过宽;有的人胸部平坦……人无完人,没有人的形体条件是十全十美的。如何根据穿着者的形体条件来扬长避短,熟知穿着者的身形要素是个人形象塑造的前提因素。

二、根据不同的人体尺寸选择适体服饰

(一)体型概况

服饰对于人类的重要性不言而喻。除了最基本的保暖御寒以及保护躯体的功能外,服饰还具有装饰性。服饰与人体结合,是实用与审美的结合,服饰搭配与人体美有着密切的关系。

由于生活环境的差异,人类分为肤色不同的人种,不同的人种体型不同;同一人种之间体型也存在着高、矮、胖、瘦等特征差异。理想的标准体型是:以人的头部长度为一个单位,

标准的人体高度是 8 个左右头长;第一头长至下颌、第二头长至乳点、第三头长至腰节线、第四头长至臀围线、第五头长至大腿中部、第六头长至膝关节、第七头长至小腿中部、第八头长至脚跟部。女性的肩宽是一个半头长,男性的肩宽为 2 ~ 2.5 个头长。在现实生活中,标准的人体是很少见的,一般人的体型可以分为比例协调型和比例不协调型两个大类。

1. 协调型比例人体

此类比例的人体大致又可以区分为高瘦型、中瘦型、矮瘦型、高胖(壮)型四类。人体的胖瘦,从视觉上表现为身体的宽度、围度的差异,体型较瘦的人,身体的宽度、围度呈现收缩感;而体型较胖的人,则呈现扩张感。

2. 不协调型比例人体

体型的不协调可以表现在多个方面,除常见的矮胖体型外,腰长腿短、四肢粗壮等体型特征,也会使人体呈现不协调感。

(二)人体测量(采寸)

无论属于何种体型特征,服饰服务于人体,适合于穿着者的体型,是服饰与人体协调的首要条件、是服饰搭配的前提,这就要求根据人体尺寸选择服装。

熟知穿着对象的形体条件首先必须了解穿着者人体各部位的尺寸。测量身体各部位的尺寸即"采寸",这能够帮助我们熟悉体型,并将体型进行归类。进行人体"采寸"时,以量体对象裸体最为准确,对象呈立正的姿势,双腿并拢挺直,脚尖稍分开,双肩放松微展,双臂自然垂下贴于裤缝,头部保持平视状态。围度尺寸测量以软尺内可以插入食指为准,长度尺寸测量以软尺自然顺贴身体为准。人体最为重要的胸、腰、臀三大围度测量步骤是:胸围,沿胸部最高点由前向后水平围量一周;腰围,沿腰节最细处由前向后水平围量一周;臀围,沿臀部最丰满处由前向后水平围量一周。

(三)服装的基本组成及其与人体的关系

了解上下装的基本组成部位以及名称,可以有助于更好地理解服装与人体之间的关系。上衣的基本组成部分是衣身、领、袖三部分,衣身底边线的位置高低确定了服装的长度,胸围是服装胸线位置的宽度;领子可以分为有领和无领两大类,有领的如立领、翻领等,无领的又称领线设计,主要为领口线的设计与变化,如一字领、V 型领等,如图 3 - 1 所示。门襟,服装前身的交合处,因衣身交叠的不同,门襟有左衽和右衽之分,门襟的连接方式不同,有绳带、纽扣、拉链、粘拉胶布、揿纽、风纪扣等多种方法,门襟的装饰有绣、镶、滚、拼色等多种形式,如图 3 - 2 所示。袖子的款式变化除无袖、短袖、中袖、七分袖、九分袖、长袖外,还有泡泡袖、羊腿袖、连身袖等多个款式,如图 3 - 3 所示。裤子的基本组成部分是裤管、裤腰、裤袋、裤襻等,从腰口线到裤脚口的长度称裤长,因长短的不同,有长裤、短裤、中裤等差别;因腰围线高低不同,有低腰裤、高腰裤的变化;裤子的门襟可用扣子或是拉链;因裤脚口的尺寸不同可以衍生出阔腿裤或是萝卜裤等不同的造型变化,如图 3 - 4 所示。服装的设计与变化就是基于这些部件的变化而变化的。

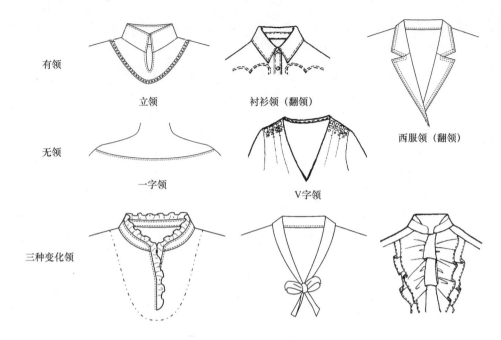

有领

立领　　　　衬衫领（翻领）　　　西服领（翻领）

无领

一字领

V字领

三种变化领

图 3 - 1　不同的领型变化

图 3 - 2　式样各异的门襟

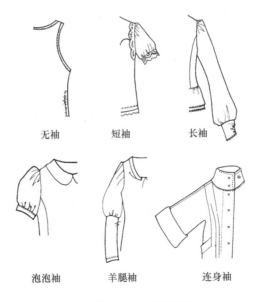

无袖　　　　短袖　　　　长袖

泡泡袖　　　羊腿袖　　　连身袖

图 3 - 3　不同的袖型变化

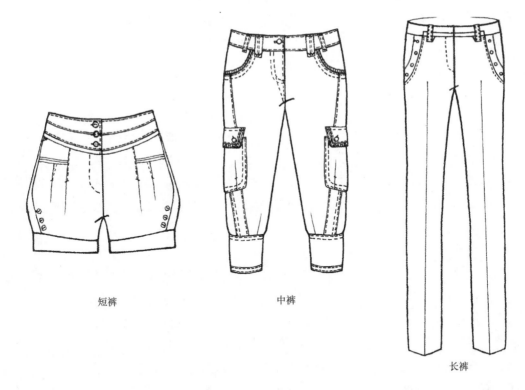

短裤　　　　　　中裤　　　　　　　　长裤

图 3 - 4　不同的裤款式变化

　　服装各部位的设计要以着装者的形体为依据,形体特征不同,对服装各部位的设计也就各不相同。

1. 领型

　　服装的领子紧邻人体面部,因此领型的选择必须与穿着者的脸型相和谐。按照人脸部的外廓型,人的脸型可以大致分成长型、圆型、方型、尖型几种。

（1）长型脸的人一般应该选择可以减小颈部露肤的领型,如圆领、立领等,在视觉上缓和长脸的线条,立体的圆领型可以使脸部线条显得圆润;反之,一些大开口的领型需尽量避免,如一些开口较低的深V型领,开阔的领口同时也凸显了脸部的长度。

（2）方型脸的人由于面部的轮廓线条比较生硬,在选择领型时,以视觉上能够增加柔和度的领型为好,如圆领、圆润的小U型领,以减缓过于明显的脸部轮廓,一些带有柔和细节设计的领子也可以起到同样的作用,使面部看起来小巧精致;而让脸部廓型更为明显的方型领应避之。

（3）圆型脸的人面部线条圆润,不适合突出面部廓型的领型,如开阔的圆领型;如果适当的露肤可以延长脸部的线条,如一些开口较深的V型领,可以使脸部看起来修长一些。

（4）尖型脸的人面部轮廓上宽下窄,因此同样上宽下窄的领型必然会强化其面部的这一特征,使面部显得更尖;一些带有蓬松花边的领子会增加下颌的圆润感,使人的面部显得柔和动人。

2. 门襟的选择

门襟是服装的交合之处,与领型密切相关,其变化体现在连接手法、装饰、门襟外缘线变化等方面。简单地说,服装门襟的选择依旧以能够掩饰人体的不足为宗旨,如腰部肥硕的人,尽量不要选择门襟下缘打开的服装,过多的肌肤裸露只会使人显得臃肿;同理,较胖的人群,门襟上有大量装饰的服装也是不适合的,过多的装饰具有扩张的感觉,会使人体产生膨胀感,强化体型的缺陷。门襟的变化随服装款式的变化而不同,情况较为复杂,此处就不一一详列了。

3. 袖型的选择

袖子包裹的是人体活动的重要部位——手臂,因此袖型选择的第一要素就是要不影响手臂活动,其次才是外观。袖子最大的变化在于长短差异,无袖即人体整只手臂乃至肩部裸露,此种袖型对人的手臂外形要求较高,过粗或是过细都难以取得好的效果,毛孔粗大汗毛较多的人也不适合此袖型;根据款式不同,短袖的长度也有不同,基本的标准是,袖子对于手臂的遮蔽范围越小,对人体手臂外形的要求就越高。长袖对着装者形体的要求最低,其可选择人群也最为广泛。

4. 裤型的选择

按照长短划分,裤子有长裤、中裤、短裤之别,人体腿部的线条是裤型选择的重要标准,一般应考虑到腿部的胖瘦、长短等实际状况。越是短的裤子对于人腿部的要求越高,中长裤是腿部条件不佳的人群不错的选择;腰围线的高低是裤子款式变化的另一个重要细节,裤子可以分为高腰、中腰、低腰的不同款式。低腰裤裸露的肌肤较多,适合腰部纤细,且无赘肉的人穿着,可以使人显得轻盈、活泼;高腰裤具有一定的收腹作用,腰部较粗、腹部不够平坦的人穿着可以在一定程度上产生收缩之感,使人体显得苗条。另外,腿部较粗的人尽量不要选择过紧的裤型,但肥大的宽松裤有时也会让人看起来没有线条感,还容易使人显矮,如果裤的大腿处较合体,小腿处宽松的微喇裤在视觉上能拉长腿部,有不错的显瘦效果。

（四）对服装影响较大的因素与适体选衣的关系

人体身型有胖、瘦、圆、扁等多种特征,对于胸、腰、臀三围尺寸的量取,可以对着装者的体型有一个初步的认识,并可以根据身型确定着装风格。服装是否能够更好地表现人体身材特征,扬长避短,是服饰对于人体美化作用的基本要求。如属于肥胖体型特征的人,最好不要选择紧身的服装款式,而以宽松的服装为宜。

　　服装的围度特征主要表现在廓型上:A 型服装下摆宽大而上部收缩,最适宜表现女性曲线,是腰部纤细女性的极佳选择;一般而言,身材偏胖、腰肢较粗的人不适合穿着 X 型、S 型类突出人体胸腰臀之间围度差的服装,而款式简洁的 H 型服装因腰肩臀无明显的差别,则可以更好地遮蔽身材的缺憾。

　　对服装长度影响较大的尺寸有前后腰节长、臂长、下体长度。前腰节长为人体自然挺直的状态下,自上而下由颈侧点通过胸部最高点垂直至腰围线量取的尺寸;后腰节长为人体自然挺直的状态下,自上而下由颈侧点沿后身体表面垂直至腰围线量取的尺寸。前、后腰节长是确定服装长度的重要依据,服装的长度直接影响服装的款型风格。臂长是由肩点开始贴合自然状态的手臂至手腕点的长度,臂长尺寸是衣袖长度选择的依据。下体的长度是确定下装长度的重要依据,下体长即从侧腰点起,沿大腿外侧垂直量至脚踝的长度,根据下体的尺寸可以确定不同款式的裤长以及裙长的尺寸。例如,下身比例较短的人,可以选择如图 3 - 5 所示的腰节较高的裙或裤子,这样可以拉长下半身的视觉效果,使人看起来修长一些,而不要选择低腰款式的裙或者裤。腰部肥胖的人不适宜穿着高腰的上装,上装以长至臀部为好。手臂粗短,较胖的人,尽量不要选择泡泡袖或是无袖的款式,普通的直长袖是不错的选择。身体修长的人长或短的服装都是适合的;但身材矮小的人,较长的风衣、长裙就不容易穿出好看的效果(图 3 - 6),如果选择一些短裙、修身的服装款式,则比较容易取得较好的视觉效果。

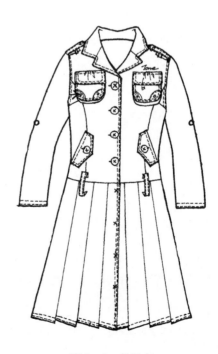

图 3 - 5　高腰裙　　　　　　　　图 3 - 6　长风衣

对服装风格影响较大的尺寸还有肩宽以及颈围。肩宽为过两肩端点及后颈椎点,微呈抛物线形的横向尺寸。颈围为沿颈根位置,过颈侧点以及颈椎点围量一周的尺寸。肩宽尺寸的大小对服装风格有着重要影响,肩宽尺寸较宽的服装具有清晰硬朗的廓型。在服装风格由女性化向中性转变的阶段,肩宽的尺寸大小、垫肩的厚薄变化往往成为服装风格转变的重要标志之一。颈围的大小确定了服装颈部围度的宽松量,根据每个人颈部长度的不同,在此基础上可进行不同领线以及领型的设计与变化。颈部的长短因人而异,有的人颈部修长,一般的领子式样都是适合的,有的人颈部较短,一字领有横向的延伸感,而如果选择 V 型领,则可以拉长颈部的视觉效果,无领式样的设计效果简洁、质朴,而一旦加上了花边进行装饰,则会产生完全不同的风格感受。

三、发型、化妆与服装的搭配关系

(一)发型

发型设计是一门综合的艺术,它涉及多门学科,决定发型设计的主要因素有脸型、五官、身材、年龄、职业、肤色及着装等方面,同时发型设计还受到流行趋势的影响与制约。发型设计属于个人形象设计的一部分,发型的选择首要的依据是脸型。脸型则有圆型、长型、方型、尖型等不同的基本外廓型,发型设计和脸型的配合很重要,甚至发型设计的成败还会影响到个人五官的视觉效果,一些优秀的发型设计师可以通过发型的调整来弥补设计对象五官的不足之处。适当的发型设计可以很好地衬托出个人的性格、气质,使之更具有魅力。以发型掩饰五官上不尽如人意之处,主要是通过发式的造型变化改善原本不符合人们审美标准的视觉感受,其实就是视错觉的一种巧妙利用。如颧骨较突出的人面部外形比较生硬,往往会选择线形柔和的卷发,以软化面部的棱角之感。

发型也是服饰整体形象表现的一部分。按照发型长度来分,可以分为长发、中长发、短发等;按照发型基本造型来分,可以分为直发、卷发 、束发等,束发还可以根据不同的操作手法,分为发辫、发髻、扎结等不同的样式。不同的发型有不同的观感。不同的服装造型也有不同的观感。在服装与发型的配合上,选择的原则是观感的统一性。清纯的发型配合素雅的造型,浪漫的发型配合潇洒的造型,妩媚的发型配合优雅的造型,干练的发型配合稳重的造型,自然的发型配合休闲的造型。发型与服装相互衬托出更为完美的形象。

现代文明的发展为人们改变自己的发型、发色提供了可能,各种染发剂、发胶等层出不穷。有时头发的造型及色彩在很大程度上决定了一套服饰展示的视觉效果,在现代的 T 型台上,设计师的最新构思,不仅仅通过服装来表现,也通过奇特的发式展示出来。有时头发的样式和风格甚至对于整套服装的风格表现具有决定性的作用。图 3 - 7 为服装表演舞台上风格各异的发式,为烘托服装的风格起到了极好的辅助作用。

需要注意的是,一些特殊种类的服装甚至对发型的款式有着严格的规定,这是服装搭配时不可忽略的。一般礼服类服装多为出席比较正式且隆重的场合所穿用,披肩式的发型往

图 3 - 7　风格各异的发型

往显得不够庄重,因而搭配此类服装以盘发为好,精心打理的挽发使人体的颈部显得修长,能衬托出着装者优雅的气质。具有运动风格的服饰,发型多以干净利落的短发或是马尾辫为主,这样的发型不但具有活力,且也便于运动。对卫生要求较高的餐饮行业则禁止披肩长发,而以短发盘发为主,以确保工作环境的洁净。

(二)化妆

所谓化妆,顾名思义是指人们在日常社会活动中以化妆品及艺术描绘手法来美化自己,以达到更自信和尊重他人的目的。化妆以一定的美学与心理学为基础,利用绘画的手段与色彩,融汇了服装、发型等元素完成了对人的一种完整的整体塑造。古今中外,人们为了美丽而使用丰富多彩的化妆品和化妆工具,对面部五官进行修饰、描画,从而达到美化容貌优点、弥补缺陷的目的。现代社会,化妆已经成为日常生活、社交礼仪的一部分。

化妆有"装饰技术"的意思,人们可以通过化妆品和描绘技巧发扬优点,弥补不足,也就是扬长避短。从这个意义上说,化妆是一种视觉艺术,利用颜色给人的感觉造成一种视错觉。化妆是一种对美的挖掘与发现,它跟随时尚,取决于个人的审美观与自身修养。化妆的最终目的是"美",人的美是一种和谐,一种修养,一种整体的感觉。因此对化妆的理解不能仅仅局限于对五官的描画上,化妆是一门整体的造型艺术,包括对面部、发型、服装整体的修饰与造型。化妆体现的应是一个人的整体素质。

具体地说,化妆是一项实际操作,是利用材料和技术手段对人的头、面部及全身,按一定标准或要求进行塑造。化妆需要掌握一定的技巧,同时需对被装扮对象有全面的了解:如被装扮对象的性别、年龄、肤色等都应纳入化妆形象设计的考虑范畴。

1. 妆容色调与肤色相协调

人的肤色先天形成,是相对固定的,化妆时应以肤色为基础,化妆品的色彩要能对肤色起到一些改善弥补的功效。

2. 妆容色调与服装色彩相协调

妆容相对独立,但从服饰形象整体的塑造来看,妆容只是其中的一小部分,应把它放到服饰形象整体中作为一体考虑,可根据服装色彩的整体协调性加以选择。服装的色彩千变万化,妆容的色调要注重与服装色彩相互陪衬,与服装色彩配合得好,可以相得益彰,取得整体美的效果。

同类色原则:妆容可选择与服装色彩相同或邻近的色调。如穿暖色的衣裙,化妆时可选用偏暖的肉色粉底,棕色的眼影,桃红色腮红,朱红色唇膏等同类色来进行装扮。妆色与肤色的色调要一致,妆容要与服装整体和谐统一。

对比色原则:妆容选择与服装色彩相对的色调。如冷色与暖色的对比;服装艳色与妆色素雅的对比;服装暗深与妆色明艳的对比等。例如鲜艳的唇红与宝石蓝色的服装,蓝色的眼影与柠檬黄的衣裙,都能给人以明快、大胆之感。

一般而言,白色、黑色服装能和任意一种唇膏色、眼影色搭配,妆容色调与服装的色调容易达到协调。

3. 妆容风格与服装风格的协调

化妆没有固定的程序,也没有规则和模式,更没有固定的颜色搭配,化妆所塑造的人物形象可以根据实际的需要进行设计与创造。妆容的风格应与服装相协调。按照基本出席场合划分,服装可以分成职业服、休闲服、运动服、礼服、舞台表演服装等大类。针对不同类型的服装,为了能更好地配合某种类型服装的风格和韵味,化妆及发型与服装的协调是极为重要的。有针对性地选择妆容和发型,才能恰到好处地把不同服装的风格表现得出神入化,将其神韵表露无遗。

服装搭配时,按照服装形象的整体风格要求配合妆容塑造,是一个比较简便且效果显著的手段。图3-8夸张的妆容设计表现了独特的风格。如配合职业服的妆容,要表现出职业女性的自信、成熟、能干的精神面貌,因此妆容要整洁清爽,端庄秀丽,可使用一些比较稳重的眼影色或是唇色,切不可浓妆艳抹。搭配休闲装以及运动装的化妆,则以自然、大方为好,脸部各部位的色彩可相对柔和一些,一些具有健康感的颜色如咖啡、褐色等比较容易营造活泼阳光之感。配合晚宴礼服的妆容则可相对浓重一些,不仅要做到妆容与服装的和谐,同时

图3-8　夸张的妆容

对应晚宴的种类妆容也存在差别,举一个简单的例子,一般晚宴的妆容与狂欢派对的妆容是决然不同的;同是礼服,婚纱礼服所需搭配的妆容则另有其特殊的要求,应以体现新娘清新美丽、温柔大方、端庄娴熟的形象为目的,新娘的脸部色彩要柔和,既要突出婚礼场合下新娘的主角地位,又不可过于妖艳。在所有服装搭配种类中,给予妆容设计自由度最大的是舞台表演性服装,设计师的最新构思,不仅仅通过服装表现,发式、化妆也是配合展示的重要辅助手段。由于舞台上的服装表演时间非常短暂,一般一套服装往往只有1~2分钟的亮相时间,且在强烈舞台灯光的照耀下,色彩会产生淡化现象,配合舞台效果的妆容往往要比现实生活中略显夸张,甚至是现实生活中所不可能出现的妆容造型。图3-9(a)中人物面部妆容类似于印第安土著风格,服装上的条纹转换成了模特面部的妆容,效果和谐而大胆;图3-9(b)中的服装原本中规中矩,然而与服装同色系的假发,以毫不掩饰的张扬之感,赋予了服饰强烈的个性。

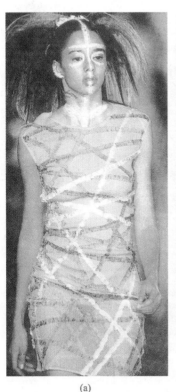

(a)

(b)

图3-9　发型、化妆与服装风格相呼应

第二节　服饰搭配与个人形象构建

　　服装具有展示自我形象的作用,在现代社会中自我形象的表现已成为社会交流的一部分,成功的着装对于构建自我形象有着重要的作用。

一、男性形象

(一)符合公众定义的形象构建

　　公众对于男性的优秀特征常常定义为开朗、坚毅、稳重、豁达、真诚等,这些特征可以通过加强自身修养,注意言行体态等多个方面进行培养,通过着装进行形象的塑造也是一个不可忽视的重要环节。男士着装体现魅力有两点:一是服装色彩;二是服装款式。

　　1. 色彩

　　掌握服装的色彩是表达男性性格特征的一个绝好手段。本文第二章讲述了色彩的情感效应,因色相、明度、纯度的不同,色彩会呈现出暖与冷、轻与重、华丽与质朴、活泼与庄重等不同的情感倾向,可结合个性表达需求妥善加以运用。在无法确定使用何种服装颜色时,黑、白、灰、米色是讨巧之色,一般不会出错。图 3 – 10 是男装某品牌常规服设计,黑、白、灰、米色等常规色彩占据了大部分的销售量。

图 3 – 10　男装的常用色

　　男性服装的色彩搭配比较简便的方法是控制整体着装的色彩种类。一个万变不离其宗的原则是:符合公众定义的男性形象往往更容易获得人们的认可,传统观念的男装用色从上至下不能超过三种色彩,这样从线条整体上看会更流畅、更典雅,不易显得杂乱而没有整体感。色彩种类的增加能够调动服装的活泼感,可根据个人所要扮演的角色差异进行调控。

　　2. 款式

　　健康、阳刚是公众心目中男性理想的外观形象,在选择服装款式时,如图 3 – 11 所示之廓型挺括、坚毅的直线型的服装更易表现男子的此种特性,因而也更易为人们所接受。一些紧身贴体,勾勒身型线条的服装,适时表现了男性的性感,但在多数人观念中却带有女性化、甚至是不成熟的倾向。

　　符合公众定义的男士穿戴以简洁大方为好,其形象应该是内敛的、不张扬的。过于时尚新颖的装扮容易造成不稳重的印象。图案古怪的衬衫、领带,闪光面料的服装,穿凉鞋套袜子,不合体的着装,浅色的袜子搭配正装,或是穿有明显品牌标签的服装,都可能成为失败服饰造型的因素。

(二)因地制宜的形象塑造

　　具体来说,男性可以从职业、社会角色转换等不同的方面进行形象的塑造。服饰搭配时,综合"时间、地点、场合(Time、Object,Place)"的着装条件要素,选择服装的款式、色彩以及面料。对多数人而言,职业生活占据了个人大部分的时间。即便穿衣打扮各有所好,但多数时间里,人们的穿着打扮却不得不受到职业的限制。职业的种类五花八门,根据具体职业特性选择服饰标准常常令人陷入迷茫,总体而言,只要抓住男性着装风格庄重、随意的特点,根据自身状况,则可以比较容易地确定服饰形象的定位。

1.正式场合着装

　　(1)礼服。庄重与随意是职业男性着装的特点,隆重场合的着装首推礼服。西方传统的礼服有:大礼服、小礼服、晨礼服。

　　大礼服又称燕尾服,是黑色或深蓝色,前摆齐腰剪平,后摆剪成燕尾样子,翻领上镶有缎面,下装为黑或蓝色、配有缎带、裤腿外面有黑丝带的长裤,系白色领结,配黑色皮鞋黑丝袜、白色手套。大礼服是夜晚的正式礼服。按照国际惯例,一些重大的仪式,如诺贝尔奖授奖仪式等,都要求穿燕尾服。

　　小礼服也称晚餐礼服或便礼服,一般参加晚六时以后举行的晚宴、音乐会、剧院演出等活动穿这种礼服。为全白色或全黑色西装上衣,衣领镶有缎面,前门襟仅一粒纽扣,下装为配有缎带或丝腰带的黑裤,系黑色领结,着黑皮鞋。

　　晨礼服为白天参加典礼、教堂礼拜的着装。上装为灰色、黑色,后摆为圆尾形,下装为深灰色底、黑条纹裤,系灰领带,着黑皮鞋,黑礼帽等。

　　礼服内搭配的衬衫并不是普通所见到的商务衬衫,而是带法式双叠袖口的制式。

　　近年来,多数国家在着装方面日趋简化,许多正式场合,男士穿着一套质料上好的深色西装即可。按礼仪习惯或者国际的惯例来说,允许以自己的民族服装来代替礼服。我国的服装没有严格的礼服、便服之分,在正式场合,男士一般穿中山装或西服套装配领带。

　　(2)西服。从事公务性工作的男性,服装的选择首推西服。合体挺括的西服可以给人沉稳端庄的感觉。西服色彩的选择,忌过于鲜艳的色彩,以中性色彩为宜。黑色属礼服类最沉稳的颜色。黑色西服适合的场合,一是隆重的庆典场合,二是婚礼和丧礼场合。浅色西服不适合正式场合,但是可以在休闲场合穿着。

　　穿西服要合体,并注意西服的长度、肥瘦、袖口的位置等细节。穿着得体的西服应拆除商标,熨烫平整,不卷不挽。西服内着衬衫,口袋不装或少装东西。此外,穿西服忌西裤过短,忌衬衫放在西裤外,领带也不可太短,西服袖勿长于衬衫袖,衣、裤袋内忌鼓鼓囊囊,忌西服配便鞋。常见的西服,以两粒到三粒扣为主,西服扣子可以不系,尤其是单排扣西服,在宽松的场合,表达自己的潇洒和自如的时候,完全可以不系,如果要系,则两粒扣的西服,只系上面一粒,下面一粒不要系,三粒扣的西服要么就系住中间的一粒,要么系住上面的两粒扣子。各种款式的西服,最基本的原则就是下面的一个扣子永远是不系的,包括双排扣的西服。

西服内搭衬衫以白色和纯棉的最为正式。白衬衫是国际上所公认最安全、最正统的,也最正式衬衫的颜色。

图 3 – 11 为具有庄重感的常规夹克,也是从事公务性工作男性可选择的服装之一。从事与运动、时尚有关的工作,西装革履的打扮就大可不必了,服装以宽松随意为好,尤其是服装两肩的宽度不能太窄,以免影响手臂的活动。当然,为了应付临时可能出席的公务性场合,最好在办公室预存一套西服类正装,以备不时之需。

庄重也好,随意也罢,职业男性的形象基本要求是干净、整洁,不修边幅的邋遢形象是很难获得大众认同的。

图 3 – 11　男装的常用款式

2. 休闲着装

人处在不同的社会地位,从事不同的社会职业都要有相应的个人行为模式,即扮演不同的社会角色。而同一个人又往往身兼多角。根据社会角色的转换塑造服饰形象,其实也是个人社会心理的转换过程,不同的社会角色带给人的心理满足感是不同的,融入其中,才能真正感受到这个角色所带来的心灵愉悦。

职业装与休闲装是男性社会角色转换的着装。身在职场,服饰形象应基于工作的承担者、策划者,不能以个人的喜好作为选择的依据。除非是从事时尚类工作。一般情况下,男性的职业服饰形象都应干净利落且自然,忌讳刻意打扮的痕迹。一旦脱离了工作的状态,在休闲的场合,服装的选择可以生活化、随意化,没有过多的约束。宽松的款式、松软的面料、适宜自己性格的色彩,富有生活气息的着装,可显示出着装者宽松对待自己、宽松对待别人、宽松对待世界的人生态度。

二、女性形象

(一)符合公众定义的形象塑造

高雅、温柔、端庄、聪慧等,是公众对于优秀的女性形象所做出的定义。这些特征可以由心理以及生理、言行举止各个方面表现出来,也可以在着装方面进行形象的塑造。女性服饰形象更多地表现为内在气质的流露。

在多数人心目中,成熟的女性应具有优雅的气质。优雅除了个人内在底蕴的积累外,还可以在穿着打扮上予以体现。优雅的女性在着装上应该避免极端流行的服装款式、衣料、图案,过于夸张的服装款式是不适合的,廓型柔和、裁剪适体、做工精良的服装,可以更好地表现女性优雅之美。服饰搭配应具有整体的美感,与发型、服装、饰品、化妆等风格协调,服装色彩的选择因人而异,但整体效果应是和谐的,优雅的女性化妆不宜过于平淡随便,但也不要太过华丽显眼,而以适中为好。

青春是少女特有的气质,具有这种气质的少女往往具有纯真、活泼的性格特征,在服饰的搭配上应强调动态、充分展示女性的动态之美。宽松的T恤,背带裤,一些带有绣花、花边等装饰的服装,一些明朗清爽的棉、麻类织物是少女不错的选择,面料的花纹可用一些小碎花、几何图案,一些可爱的卡通图案,能够流露出青春的气息,给人以清新、活泼之感;少女妆容应该是淡雅的、不着痕迹的;如图3-12所示,明亮的色彩、细碎的装饰都是衬托少女的最佳服饰,甚至一些款式比较夸张的服装及其饰品,经过演绎,都能够给人以美好的视觉感受。需要提出的是,具有青春气质风格的服装对于穿着者的年龄、气质有很高

图3-12　具有动感的少女服饰

的要求,具有成熟气质的女性穿着此类风格的服装,搭配不好容易给人造成"装嫩"的印象。

(二)因地制宜的形象塑造

庄重与随意同样是职业女性着装的两级。

1.正式场合着装

传统观念往往有女性属于比较柔弱的固定思维,但职业要求女性表现出果断的一面。具有果断气质的事业型女性,着装应简洁,服装的式样不宜过于复杂,一些裁剪精良的套装、套裙既能够突出女性的职业气质、同时也能够表现女性的曲线之美。著名设计师韦斯特任德说:"职业套装更能显露女性高雅气质和独特魅力"。商界女士在正式场合的着装以裙装为佳,在所有适合商界女士在正式场合所穿的裙式服装之中,套裙是名列首位的选择,如图3-13所示。

女性选择西服套裙时应注意:面料需上乘,平整、挺括、不起皱、不起球;以冷色调为主,色

彩最好不要超过两种,黑色、深蓝色、灰褐色、灰色、暗红色等色调易衬托女性典雅、端庄、稳重的职业气质;点缀忌多;同时,套裙应尺寸合适,上衣不宜过长,下裙不宜过短;在这样的总体原则下,可选择一些带有时尚元素的款式,一些局部细节的设计变化可以衬托职业女性精致、明朗的一面。

西服套裙内搭衬衫。衬衫面料可选择真丝、麻纱、纯棉等轻薄而柔软的质地;色彩应雅致、端庄,一些粉色系衬衫是不错的选择;衬衫色彩可与套裙的色彩协调,内深外浅或外深内浅,形成深浅对比;最好无图案;穿着时衬衫下摆应掖入裙腰;纽扣一一系好;最好不穿透明而且紧身的衬衫。

正式场合,女性服装的穿着忌混搭,即礼服、正装与休闲装和运动装穿在一身;质地不同、款式不同的服装穿在一身都是不符合着装礼仪的。

总体而言,职业女性套裙最好以素色为主,上衣和裙子尽量面料色彩相同;衬衫可选择白或粉色类;着装忌过分鲜艳;忌过分杂乱;忌过分暴露;忌过分透明;忌过分短小;忌过分紧身。

图 3 – 13　职业套装

2. 休闲着装

女性休闲时着装没有一定的限制,可以按照自己的喜好,选择面较大。

现代着装艺术,讲究的是服装的整体美与和谐美,在社会的大舞台上,每个人都要扮演不同的社会角色,巧妙地运用服装搭配来构建个人的形象,不是简单的几句话可以概括的。了解自己、把握场合、善于运用多种手法进行社会角色的形象设计,因时因地穿衣打扮,是通过服装塑造个人形象的总体原则。

三、个人形象塑造的总则

不论性别、不论年龄、不论社会角色,个体服装形象塑造都是从色彩、面料、造型、技术四个方面着手进行的。

(一) 色彩之美

内、外装,上、下装,主(服装)、次(配饰)之间的色彩关系处理,是个人形象塑造不可忽视的环节。前文所述之色彩处理的统调、对比、时尚的原则依旧是处理服饰关系的准则。

从能够获得的公众认可程度高低来看,和谐是比较讨巧的配色法则。如图 3 – 14 所示,上下装色彩或是统一在一个色系中,或是单色面料为花色面料中的某一色,组成服饰形象的单品之间色彩协调,相互呼应,服饰形象也更为整体。

图 3 - 14　服装的色彩之美

(二) 面料之美

面料之美包括面料的质地、色彩、纹饰(图案)。个人服饰形象塑造时,服饰内、外装,上、下装,主(服装)、次(配饰)之间的面料肌理组合的视觉效果是体现面料之美的重要手段。本段落主要谈谈面料质地以及纹饰在服装设计及搭配中所起到的作用。

1. 质地

面料质地是判断服装风格的重要依据之一。表现浪漫优雅所选用的材料与表现前卫摩登的截然不同;采用具有立体凹凸质感的材料与采用有光泽感的面料无论款式是否相同,其面料本身所表达的风格是完全不同的。各种面料有各自的"性格表情"和效果,具有不同的质地和光泽,它的软、硬、挺、垂、厚、薄等决定着服装的基本特色。服饰搭配者可在总体服饰形象定位的指导下,巧妙组合不同材质的服饰单品,以达到塑造服饰形象的目的。

除同色同质、同色异质、异色同质、异色异质四种不同的面料组合法外,还应注意一种特殊的面料搭配组合法——面料为先的搭配。

款式的简约、优雅更突出了服装面料使之成为服装的焦点。一些设计为了表现面料的本色,款式处理则相对简洁,或刻意地把服装处理得像未完工的半成品,使面料的可看性胜过了款式本身,同时式样的大同小异和似曾相识之感,也使人们的注意力纷纷投向了服装材料,如图3-15所示。面料已经成为现代服装突破性的要素,各种纺织品、针织品、皮革、金属、羽毛、宝石珠片等的混合搭配,伴随染色、刺绣、材质再造加工技术的开发创新,表现令人意外的色彩效果和丰富的表面肌理;同时科技使各种纤维的混合处理日趋完美和丰富多样,让服装设计师有了广阔的创造、选择空间,充分发挥材料的特性与可塑性,通过面料材质创造特殊的形式质感和细节局部,使服装体现出完全不同于以往的一面。

图3-15 面料为先的设计,款式相对简洁

服饰搭配时,如果某一件服饰单品具有极为突出、个性的面料肌理,则在选择其他组合的服饰单品时,以款式简约为好,以免造成服饰形象的过于烦琐。

2. 纹饰

纹饰是指服装面料上的各种图案。面料图案的内容多、形式各异,但也有共同的特点,即图案的布局及其表现手法具有一定的规律,这种规律,是染织面料设计时所要遵循的规律,亦是我们服装搭配时借鉴、参考的依据。选择适合的服装图案,着装者的个人喜好固然不可忽视,但是一个事实是不可否认的,那就是面料中有许多花色,而不同花色的穿着效果有很大的差异。

(1)按单元面料纹饰的大小分:单元花型小的面料一般属于比较讨好的花色,不会太单调也不会太浓艳,往往各种体型都适合穿;单元花型较大的面料以及花色艳丽的面料,具有一定的扩散作用,会使人显得矮胖,偏胖的人不太适合。

(2)按照纹饰表现形式分:可分为具象纹饰以及抽象纹饰两大类,抽象的格子、条纹是服装面料中常见的纹饰品种,格子布与条纹布一样,永不退流行。细条纹布、细格子布和纹样不甚明显的格子布,较易穿着搭配。而大型格子布则不然。一位臀部肥大的女性,没有比穿一条鲜艳的大格子褶裙更糟的事。一件格子夹克,或格子外套,几乎可以搭配大部分的素色裙或裤子。

(3)按纹饰的内容分:可分为花鸟及山水图案、动物图案、人物图案、风景图案、几何图案等类型,其形式各异,不同的纹饰适合于不同的人群。

(4)按纹饰的风格分:一些图案属于传统风格,如织锦缎上常见的火腿纹、团花纹、龙凤纹等;一些图案属于现代风格,如几何纹、视幻纹等;一些图案属于活泼风格,如一些卡通图案、花草图案……准确地判读图案所属风格,根据服饰搭配的需要选择面料纹饰。具有传统风格图案的面料以成熟女性使用较好,年长男子穿着也可以取得不错的效果;活泼风格的面料则适用于年轻人,尤其是卡通类的面料,儿童或是年轻的女孩子使用会显得非常可爱;具有现代风格的几何纹样大部分人都适用,但视幻风格的纹样具有后现代主义的特征,年纪大一些的人就很难穿出效果了。

(三)造型之美

造型之美是服装设计美感的重要部分,服装的款式风格、廓型的组合是否能够达到和谐的美感是单体服装搭配能否成功的重要因素。廓型是服装面貌表现的重要方面,也是表现人体美的重要手段(图3－16),能给人以深刻的印象。廓型对服装整体风格的表达起至关重要的作用。服装的廓型不仅仅是单纯的造型手段,也是时代风貌的一种体现。纵观中外服装史,可以看出服装外轮廓线的变化实际上蕴藏着深厚的社会内容。第二次世界大战期间,女性穿着简朴,服装的外轮廓线带有军装的痕迹,随着战争结束社会趋于稳定,服装的廓型也变得优雅舒展。

造型之美是服装表达人体美的重要手段,在服饰整体形象中起到了不可替代的作用。

图 3 - 16　造型之美是表达人体美的重要手段

第二章已详细讲述了廓型的搭配要则,本处不再赘述。

(四) 技术之美

　　服装的技术之美包含的范围很广,最基本的包含两方面的内容——服装的制作之美及装饰之美。如果加以细分,制作之美又涵盖了服装的裁剪技术、手缝技术、机缝技术、熨烫技术、整型技术等多个服装制作工序;服装的装饰之美依赖的手法广泛,如刺绣、珠饰、手绘、印染、编织等,林林总总的装饰手段都可以运用于服装的装饰,成为装饰之美的重要元素。

　　制作之美是服装体现美感的首要条件,服装款式确定后,板型便成为服装是否优良的主要衡量标准之一,即使是同一款服装,按照不同的板型制作的成衣在外观上会有很大的差异,一个好的服装裁剪师所制作的板型合体、美观,能够完美地表达设计师的设计构思;好的板型离不开精良的制作工艺,服装的裁片经过缝制、熨烫等多道工序,最后的成衣穿着后应服帖于人体,且人体活动时没有束缚及不适之感。板型与做工是服装的细节,某种程度上,这两者的好坏决定了一个品牌服装的品位与档次。尤其是款式较女装单一的男装,男正装多以西服套装为主,一些板型以及做工较差的西服穿着后在背部容易形成拱形,使着装者的外部形象大打折扣。

　　服装的装饰之美可以借助服饰配件以及服饰工艺两个渠道完成,服饰配件与服装的关系前文已述。借助工艺手法完成服饰的装饰,除传统手工艺的绣花、编结、印染等工艺外,面料的二次设计再造都可以赋予面料新的面貌。不论是制作还是装饰都是服饰美体现的基本条件,即使是翻版一流大师的设计作品,缺少了技术之美,一件工艺毛糙的服饰也很难有品位可言,更谈不上起到美化着装者的目的了。

思考题

1. 发型与化妆在服饰形象的塑造中起着什么样的作用?

2. 个人服饰形象的塑造可以从哪几个方面入手?

服装与服饰配件搭配

课程名称:服装与服饰配件搭配

课程内容:服饰配件的特性与分类

服饰配件的产生、发展及配饰特征

课题时间:12 课时

训练目的:要求学生了解不同分类的服饰配件的基本特性以及它们在服饰搭配中起到的作用。

教学要求:1.理论讲解。

2.结合平行课程,如"服装款式设计"等课程的内容,使学生将本章节的知识点运用于实践。

课前准备:预习本章节,并收集不同服饰配件的图片。

第四章　服装与服饰配件搭配

　　衣着与服饰的搭配是人们生活中非常重视的内容之一，服饰配件的发展与人类服装历史的发展密不可分。从古至今服饰都具有典型的代表性，服饰配件搭配更引起了人们的重视，并在服装设计中发挥出重要的作用。人们通常会根据所处时代的流行趋势进行合适的服装搭配。合理的服装搭配不仅能够弥补某些服装的不足，而且还会给人们带来视觉的冲击力，使整体达到美的效果。

第一节　服饰配件的特性与分类

一、服饰配件的特性

　　服装与饰品之间是相互依存的关系，"服"和"饰"是两个不可分割的整体，一般而言，配件离开了服装就不能发出迷人的光彩；服装如果没有配件的衬托，也会黯然无光。"服"和"饰"不是孤立存在的，它们受到周围社会环境、风俗、审美等诸多因素的影响，经过不断地完善和发展，形成了今天丰富的样式。历代存留下来的各类服饰配件，它们的纹样、造型、质地、色彩等，都留下了当时文化、地域、政治、经济等多个方面的印记，也为人们研究当时的服饰文化提供了重要的资料。

（一）从属性

　　从服饰配套的整体来看，服饰配件是服装的一个有机组成部分，这是服饰配件最为重要的特性之一。服饰配件本身可能成为一件单独的艺术品，但同时又包容于服饰这样一个整体之中，服饰品中无论是首饰还是包袋、或是鞋帽，某一件饰品的搭配不和谐都可能影响整体服装的效果体现。服饰搭配艺术是整体性的艺术，是服装与配件之间和谐而统一的艺术形象，如果在服饰搭配时，将服装与饰品之间的整体构思分割开来，就必然会削弱服饰形象的整体力量。

　　在服装的整体搭配中，服饰配件又是处于从属位置，是服装艺术的一部分。个人形象的塑造要通过个人外在形象以及内在修养表现出来，而外在形象就包括了服装、服饰品、发型、化妆等因素的完美结合。一般情况而言，个人的装扮应该注重服装与个人形体、气质条件的吻合，其服饰配件、发型、化妆等都要围绕服装的总体效果来进行设计，以体现着装者的审美水平和艺术修养。在一些特殊的情况下，如珠宝款式发布会上，也会将服装与饰品的关系倒置,以款式简洁、色彩素雅的服装搭配华丽的首饰,以达到宣传主体的目的。另外我国一些少数民族,也非常注重服饰品的装扮,如在我国苗族民族服饰的搭配中,大量使用银质饰品来进行装饰,在服饰的整体配套中,银饰品所起到的作用是极为突出的。

(二)历史性与民族性

服饰配件的发展具有历史性与民族性的特征。一个民族的喜好,表现出该民族独特的审美情趣。图4-1中分别是黎族服饰与壮族服饰,其风格特点截然不同。民族服饰配饰特点受到地域、文化等多方面因素的制约。

图4-1　各具特色的少数民族服饰

以藏族为例,西藏传统首饰的表现形式,受其传统的思想观念、社会形态,乃至生产生活方式,尤其是传统的游牧生活很大影响。藏族的游牧生活四处搬迁寻找水草丰盛之地,将全家、甚至几代人所积累的财产转化为珠宝首饰满身披挂,既安全又方便。因此藏族所穿戴披挂的不仅是服装饰件,还是一笔巨大的财产,显示的不仅是美,还象征着豪华与富有。

特殊的地理环境构成特殊的文化环境,而历史文化的发展又受地理因素的影响。我国大多数少数民族由于所处地理环境特殊,配饰在不同程度上都保持了民族历史发展的地域性特征。即使是同一民族,生活在不同地区也有不同的配饰特征。

贵州山高路险、气候多变,人文环境相对封闭,苗族服制形式支系繁多。即使相隔百里之遥,也有不同的装扮。同样都有大量的银饰,但造型、图案等却各不相同。如西江苗族的银角上插有白鸡羽毛;而施洞苗族银角呈扇形,顶端为蝴蝶。不同地域的配饰都记载了各支系的图腾崇拜与文化习俗。

少数民族服饰的这些"附加物"丰富多彩,它们作为服饰的有机组成部分,不仅具有强烈的装饰性,更具有代用物、补充物、保护物的多种功用,因而显得十分实用,不可或缺。配饰为民族服饰增辉添彩,成为民族服饰的精华,服中有饰、饰可成服是民族服装的一个特色。

(三)社会性

社会的因素对于服饰品的影响是不可忽视的。从历史性和民族性的角度来看,仍旧是基于其社会性的基础而产生的。在长时间的封建社会制度之下,一些饰品配件都被赋予了一定的政治含义,甚至成为社会地位的象征,随便穿用是要受到严厉惩罚的。就今天的时代而言,人们的着装是依赖于当今的环境、文化等因素的,服装及其装饰搭配要符合人们群体的认同程度,以服装为主体,鞋帽首饰等配件必须围绕服装的特点来进行搭配,从款式、色彩、材料上形成一个完整的服装组成,与着装环境、着装目的形成完美的统一。

二、服饰配件的分类

服饰配件的分类方法有很多种,按照不同的要求可以分为不同的类别。按照装饰部位分,可以分成发饰、面饰、耳饰、腰饰、腕饰、足饰、帽饰、衣饰等;按照工艺分,可以分成缝制型、编结型、锻造型、雕刻型、镶嵌型等;按照材料分,可以分成纺织品类、毛皮类、贝壳类、金属类等;按照装饰功能分,有首饰品、包袋饰品、花饰品、腰带、帽子、手套、伞、领带、手帕饰品等。在服饰搭配艺术中,对于服饰配件的划分是按照不同的装饰效果以及装饰部位进行分类的,见表4-1。

表4-1 不同种类的服饰配件装饰部位与装饰效果、功能

服饰配件种类	装饰部位	常见材料	装饰效果与功能
首饰类	人体的各个部位	金属、玉石、珠饰、皮革、塑料等	兼具装饰以及实用的性能,恰到好处的首饰点缀有时候可以起到画龙点睛的作用,使得原本平淡无奇的服饰配套显得熠熠生辉
帽饰类	头部	纺织品、皮革、绳草、各类饰品	兼具遮阳、防寒护体的实用目的及美观的装饰作用。由于处在人体极为醒目的位置——头部,在服饰搭配艺术中,帽饰类的搭配对服装的整体效果起到了极为重要的作用
鞋袜、手套类	手、足部位	纺织品、皮革等	兼具防寒保暖之护体功能以及装饰作用。随着人体的活动,鞋袜、手套类处于一个不断变化的视觉位置,是人们不可忽视的重要饰品与配件之一
包袋类	因使用手法不同而不同	纺织品、皮革、绳草等	兼具放置物品的实用性能以及美观的装饰性,是服饰搭配艺术中重要的饰品之一,因材料的不同、制作方法的不同呈现出不同的风格面貌。在服饰搭配时其装饰性功能应符合服装的总体风格特征

续表

服饰配件种类	装饰部位	常见材料	装饰效果与功能
腰饰类	腰部	纺织品、皮革、绳草、金属、珠饰等	兼具绑束衣服的实用功能及装饰的美学功能
领带、领结、围巾类	颈部	纺织品、皮革等材料	兼具固定衬衫或是防寒保暖之实用目的以及装饰的重要作用
其他类	人体的各个部位	各种材料	包括了伞、扇子、眼镜、打火机等,有的原为实用品,有的则逐渐过渡为实用与装饰相结合

第二节 服饰配件的产生、发展及配饰特征

一、服饰配件的产生

服饰配件产生的缘由说法众多,但是基本不外乎两个方面,实用与装饰。

在原始社会恶劣的天气状况下,人们为了保护自身将一些材料以绑、扎、缠绕等不同的手段覆盖在人体上,以保护自身不受到外界的伤害,如鞋、帽、绑腿、腰带等。这些配件都是源于实用的目的而产生的,但是在使用的过程中人们渐渐不再满足于它单一的实用性能,而在色彩、图案、材料、形式上不断地对其加以变化与创新,由此逐渐成为了兼具实用与装饰双重作用的配件。

纯装饰性的服饰配件。如原始社会人们从偶尔在生活中发现的一些自然界花草茎叶、沙石贝壳、兽骨羽毛等材料中,发现它们优美的形式、迷人的色彩,从而产生了装饰的欲望,通过采集或是简单的加工,用于身体的美化。例如,将花草编织成花环,将贝壳打磨并串接成项链,或是将一些纹理精美的石头打磨制成手镯等。这些饰品丰富了他们的生活,在一定程度上满足了他们对于美的欲望,并在不断追求美的过程中,装饰的手段、装饰的内涵、装饰的表现形式都得到了不断的提升。对于美的追求是人的普遍特性,在现存的一些原始部落里还保留着一些装饰手法在我们现代人看来甚至是不可思议的,如非洲某部落以长颈为美,这个部落的女孩颈部套有多个项圈,来拉长颈部。还有一些部落,小孩在七八岁的时候就开始在下唇以及耳轮上穿孔栓塞,随着年龄的增长每年更换栓塞直到定型,形成一种永久性的装饰。

服饰配件的起源与人类社会的发展分不开,如果脱离了人类生产生活的背景,就很难理解不同背景、不同生活习惯、不同民族所形成的不同服饰现象——服饰是一种文化。

二、服饰配件的发展和配饰特征

我国服饰配件的形成和发展历史久远。了解我国服饰配件发展的历史,可以加深对我国特定文化背景下的服饰文化的理解。现代的服饰搭配艺术中,服饰配件是服饰整体形象

表现的一个重要环节,历史的、民族的传统服饰配件能够给设计师以创造灵感,激发他们的思想火花。在东西方文化不断交融的今天,一些传统与创新相结合的配件,正日益受到欢迎。

服饰配件种类繁多,不同的朝代具有不同的装饰品种与风格,下面以装饰的不同部位为划分大类,就不同时代的典型服饰配件进行简单描述。

(一)配饰的种类及基本特征

1. 首饰类

与现代装饰于人体各个部位的饰品概念有所差异,首饰在古代主要是指用于头部装饰的饰品,典型的如发笄、发簪、发钗、簪花、花钿、胜等。在现代的服饰搭配概念中,首饰的概念涵盖了发饰、足饰、手饰、颈饰、耳饰等多个方面。下面以现代服饰搭配的基本划分概念叙述服饰配件与服饰搭配之间的关系。

(1)发饰。笄是中国古代男女最常用的首饰,笄有两个用处,一是用以固定发髻(图4-2),二是用以系冠。笄在我国的历史久远,早在新石器时代的遗址中就可以看到发笄的遗存,而从全国各地出土的发笄实物来看,制作发笄的材料非常的丰富,常见的有石笄、竹笄、木笄、骨笄、玉笄、铜笄、蚌笄等。

发簪的前身是发笄,发簪的最初用途仅仅是束住头发,进入阶级社会以后逐渐演变为炫耀财富,昭明身份的一种标志,在选材、设计、制作等方面都日臻完美(图4-3)。上古时期的石笄、木笄、竹笄、蚌笄等逐渐被淘汰,取而代之的是玉簪、金簪、玳瑁簪、犀簪、琉璃簪、金镶玉簪等。

图4-2 笄

图4-3 簪

发钗和发簪都是用于束发,但是发簪只有一股,而发钗有两股(图4-4)。发钗是古代妇女的装饰用品,专门用于发式的造型,尤其在挽高髻的时候更是不可缺少。发钗的品种繁

多,仅文献的记载就有金钗、银钗、铜钗、翡翠钗、
宝石钗、珊瑚钗、玳瑁钗、琉璃钗、琥珀钗等多种。

　　发笄在现代社会使用较少,而发钗和发簪依
旧是女性发部不可缺少的装饰,其材料不仅仅局
限于金银、玉石等贵重材料,很多新型合成材料
也被广泛运用。尤其是夏季,一款具有复古风情
的服饰,精致的盘发装饰以小巧的发钗或是发
簪,步履之间摇曳生姿。

　　簪花即在鬓发或是冠帽上插戴花朵,这是古
代的一种装饰习俗。簪花的习俗在秦汉时期已
有之。簪花的妇女形象在唐代周昉的绘画《簪花

图 4-4　钗

仕女图》中有形象的表现,数个唐代贵妇身披轻纱,她们的发髻上都戴有一朵特大的花朵。
古代妇女所戴的花朵以色彩鲜艳的居多,尤以红花最受欢迎。妇女簪戴的除了鲜花之外,还
有假花,如以通草、丝绒、色纸、珠宝等制作的假花。现代女性很少使用鲜花为饰,一些以各
类材料制成的假花往往成为绝好的发饰,或是装饰于发辫,或是点缀于发髻,或是将活泼俏
皮的花束轻别散发上,妆出花漾精灵般的容颜,夸张的花饰,衬托出女性妩媚的气质。

　　现代服饰艺术中,发饰的作用不仅仅是简单的用于头发的固定以及装饰,它已经成为服
饰形象的一个部分,设计师们会根据服饰的需要,创造出独特的发饰,如图 4-5 和图 4-6
所示。需要注意的是,夸张的发饰有时较服装更易成为视觉的焦点,服饰搭配时应根据实际
需要正确处理发饰与服装之间的主次关系,以达到渲染整体的效果。

　　(2)颈饰、手饰、耳饰、足饰类。串饰、念珠、项链、项圈等都属于颈饰之类;手镯、戒
指、指甲装饰等属于手饰范畴;耳饰包括耳环、耳坠、穿耳等多个类别,鞋、袜、脚链等属
于足饰。

图 4-5　各具特色的发饰

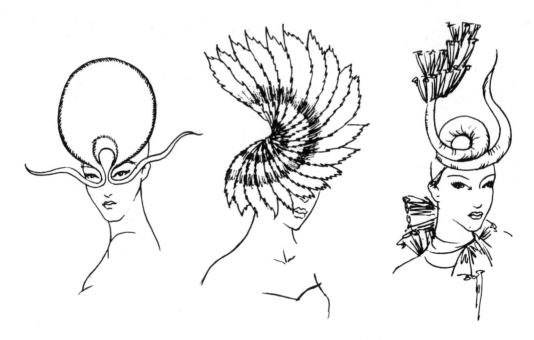

图4-6　配合服饰整体形象而设计的特殊发饰

　　①颈饰。串饰是颈饰最常见的形式，多用各种材料穿组而成，常见材料如金属、骨、玉、陶、石、水晶、玛瑙、竹、木等，用以穿起串饰的绳子材质也非常丰富，丝带、金属、皮缕皆可为之。图4-7和图4-8是不同时期的串饰。以竹、木、陶等组成的串饰往往体积较大，多具有自然的气质，用以搭配休闲、或是具有民族感的服饰较为适合，且使用者的年龄也不宜偏大。而一些贵重的金属、玉石、玛瑙制成的串饰，多具有高贵典雅之感，更适合年龄大一些的女性使用。严格来说，念珠也属于串饰的一个种类，念珠又叫"佛珠"或是"数珠"，原本是佛教用品，通常用多枚珠子穿串而成，念珠中的珠子数量以一百零八颗为多，据说念珠用一百零八颗是为了提醒人间"百八烦恼"。现代社会不少男女常在颈部挂一串念珠作为装饰，以求凡事顺心之意。

图4-7　串饰　　　　　　　　　　　　图4-8　儿童锁

　　项链是在串饰基础上演变的一种颈饰,通常由链索、链坠和一个搭勾或是搭扣组成。考虑到人体的形体生理条件差别,选择项链时,颈部修长的女性长或短的项链都可以选择,但是颈部较短的女性最好不要选用粗短的项链,V 型领配合细细的带有坠子的项链有视觉的拉伸感;高领的毛衣外面不要佩戴短小的项链,长一些的链子随性的绕上两圈,或是在链子的下端打一个结,效果会十分的和谐。

　　我国还有给儿童带锁的传统,在项链或是串饰上坠上一个金属或是玉石的锁(锁片),表达了人们对于孩子殷切的希望与祝福。现代社会这类装饰的使用者依旧以孩童居多,也不乏一些时尚的女性用之搭配具有民族风情的服饰,在古朴中透出一丝顽皮。

　　②手饰。手饰类最常见的是手镯,手镯在古代被称为"腕环",是根据其形状以及装饰的部位定名的。手镯从出现起发展到现在,已经有数千年的历史,手镯的形制也经历了无数次的变化。手镯的形制有几个大的类型:圆筒状,圆环状,由两个半圆形环合并而成,以各种材质制成的饰牌连缀而成等。手镯有开口的,有不开口的,也有以链扣或是搭勾进行连接的。图 4 - 9 唐代手镯,即以链扣相连。现代所称之手链也应为手镯的一种。如果手镯有节,中间没有宝石,应戴得宽松一些;如果是中心饰有宝石的手镯,则需戴得紧一些,不要垂在手上。

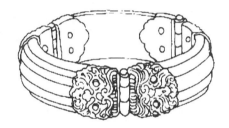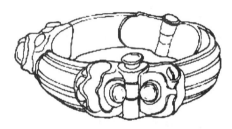

图 4 - 9　手镯

　　指甲的装饰主要有染甲、蓄甲、戴义甲等,中国染甲最迟在唐代已经出现,使用的染料主要是凤仙花、指甲花。我国古代人还喜欢蓄甲,为了防止指甲折断常常戴一种指甲套称为义甲,其形制为平口,通体细长由套管处至于指尖逐渐变细,头部微尖,如图 4 - 10 所示。美国画家卡尔为清代慈禧太后所绘之《慈禧写真像》中就可见戴义甲的情形。

图 4 - 10　义甲

戒指是人们套在手指上的环状装饰品,在古代也称指环。常见的指环材质主要有玉、骨、铜、金、银、各种宝石等。戒指多戴在左手上,戴在不同的手指有不同的含义,一般情况下,戴在中指表示未婚,戴在无名指表示已婚,而戴在小指上则表示独身之意。现在有不少时尚人士为了达到标新立异的目的还有戴在食指以及拇指上的,前者据说是带有求偶的含义,而后者则是得益于我国清代扳指的启示,扳指原本是游牧民族满族在射箭打猎时保护手指之用。现代社会戒指多为女性所使用之饰品,但婚戒则不然,为男女皆用,佩戴于左手无名指。一些广告的渲染,钻戒在现代生活中几乎已是结婚必购之品,但真正的婚戒应为素金,即使有钻石为饰,也是较小的装饰,甚至是镶嵌于戒指内圈,且一定要是指环而不可为有断口之设计,以象征婚姻的圆满。钻石戒指实为订婚戒指,通常可以戴在无名指上,对手臂和手指细长的女性而言,一枚精巧的钻戒足以显示出典雅的气质。

③耳饰。我国古代崇尚穿耳,并喜欢在穿孔的耳垂上悬挂各种饰品。耳饰古代又称珥、珰。一般用金银制成,也有镶嵌珠玉或悬挂珠玉镶成的坠饰。还有些可能是石头、木或其他相似的硬物料。佩戴在耳垂上的耳饰,造型丰富,佩戴主要以妇女为主,个别男子也有佩戴。佩戴的方式通常有 3 种:穿挂于耳孔;以簧片夹住耳垂;或以螺丝钉固定。图 4 - 11 为云南江川李家山出土铜俑,人物耳部装饰着较大的耳饰。

图 4 - 11　耳饰

现代人常用的耳饰有耳环、耳坠等。耳环是一种环状的装饰品;耳坠是在耳环的基础上演变而来的一种饰品,它的上半部分是圆形的耳环,在下半部分再悬挂一枚或是一组坠子,故名耳坠;还有一种紧贴耳垂的耳部装饰——耳钉,因其小巧而不张扬之感,深为众多女性所喜爱。除金属、玉石等传统材料外,很多新型的材料也被大量运用于现代耳饰品的设计制作,甚至借助科技的力量,将保健功能与耳饰、颈饰等结合,研制出既有装饰效果又有保健功能的饰品。耳饰的选择一般与服装相配套。耳环在一定程度上可显示出某种风俗、信仰、地位、财富等。

耳饰的佩戴因人而异,可以从人的脸型、颈部的长短、耳饰的色彩和材质、服装的色调,乃至季节的变化等多个方面考虑加以选择。

④足饰。足饰在我国古代主要是指鞋制品。而现代服饰搭配艺术中,足饰品的概念就要广泛很多。因现代社会对于女子着装的宽容,现代女子足部、脚踝,乃至大腿都有了展示的机会。因此,现代足饰的概念除鞋袜以外,还可以包括脚链、染足指甲等多种装饰手段。按照本文服饰搭配艺术概念的区分,鞋袜的部分在后段中再加以叙述。脚链其实是手链使

用的一种扩展,佩戴于脚踝部位进行装饰;而染足部指甲则是染手指甲的延伸,只是现代社会的染甲已经不再是使用天然的指甲花、凤仙花等材料了,而是色泽更为鲜亮、色彩种类繁多的各类指甲油。

(3)首饰选择的考虑因素。在选择与服饰相互搭配的各类首饰品时,可以考虑的因素除了首饰品本身的设计与造型因素外,还包括流行的色彩、首饰的材质等多个因素,如色彩的对比、材质的混搭、天然材料与非天然材料的肌理组合、首饰的品质感等。选择首饰与服装进行搭配要服从于服装的整体风格,服装穿着的 TOP 原则——即时间(Time)、目的(Object)、地点(Place),在此处同样适用。当然,年龄以及喜好这类个人因素在选择首饰品方面起到的作用也是不可忽视的。

①考虑首饰材质。首饰的材料是服饰搭配时需要考虑的重要因素。首饰品的材质从金银等贵金属到竹木,几乎无所不包。不是所有的材质都适合于比较正式的场合使用,如银饰品通常被认为是日常用品,正式或是特殊的场合戴用显得不妥;塑料或是竹木材质的饰品可以搭配休闲的服饰穿用,但是不能出现在晚宴等场合。

在服饰的整体搭配时,不同材质的首饰品相互搭配有时能够起到很好的效果,如银及金的项链会使暗色系的着装显露生机,但千万不要把银手镯与金项链搭配;诸如金项链与银耳环、钻石项链与金耳环之类的搭配也都是不适合的。

不论是华丽的晚礼服还是简洁的职业装,选择首饰品时都要切记,一次只能搭配一种风格。在首饰品的选择时要有重点,如果耳环的款式比较夸张,项链的选择则以简洁为好,出于同样道理,戒指、手链/手镯可不戴;如果不想整体的服饰形象过于累赘,最好一次不要佩戴一个以上大型且夺目的戒指,可以佩戴 2 ~ 3 枚小戒指,但这已经是好品味的极限。成套项链、手链、手镯、戒指,在服饰搭配时万不可一次都戴上,可以错开搭配。项链与戒指(图 4 – 12)、耳环与手镯组合是再好不过的搭配,后者组合还可以再加上一枚结婚戒指。

②考虑年龄因素。不同年龄段的女性适合的首饰品也是不同的。一般年龄较小的时尚女性可以选择一些外形夸张、色彩鲜艳的首饰品,且材质不必非要天然的;但年纪大一些的女性最好选择天然材质且品质感较好的首饰品。

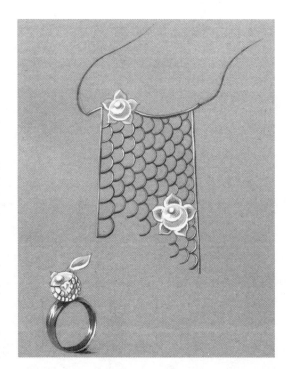

图 4 – 12　项链与戒指配套

③考虑个人喜好。服饰与首饰的搭配还可以根据个人的喜好进行一些创新式的佩戴，如一条镶嵌了钻石或是宝石的手链，可以试试将它穿在外套上，既起到了胸针的作用，又能够给人耳目一新的感觉；再如长长的珠链或是金属项链佩戴在腰间，充作腰链使用，或是将之绕在靴子上，这样的风景一定与众不同；腰链在颈部绕上两圈，夸张的项链会使你在人群中分外引人注目；小小的戒指何必一定要戴在指尖，穿在项链上、用作丝巾扣未尝不可；具有特色的耳坠动手装上一个别针可以充作胸针，效果一定新奇有趣。其实这样的创意有很多，主要在于设计者如何发挥自己的思维空间。加入了创意的服饰搭配组合意味着个性和别具一格，会让人有意想不到的惊喜（图4-13）。

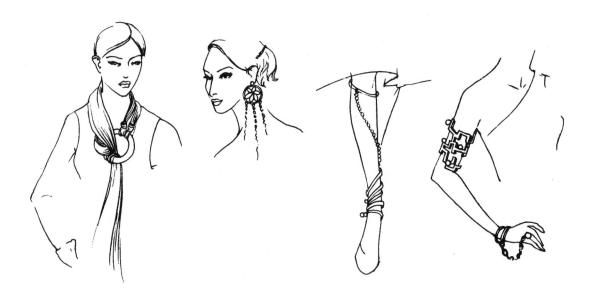

图4-13　独具特色的颈饰、耳饰、足饰、手饰

④考虑使用的场合。处于职场的女性在工作时佩戴的首饰不能仅仅以喜好为选择标准，一般应注意：有碍于工作的首饰不戴、炫耀财力的首饰不戴、突出个人性别特征的首饰不戴；数量以少为佳；最好项链、耳环、戒指等同色同质，风格划一。

⑤考虑与服装的搭配。服装与首饰品的搭配绝不是随性为之，而是有着倾向性的。首饰穿戴的基本宗旨是以与服装搭配和谐为宜，应该与服装在风格、色彩、款式乃至价值上协调一致，带有一定的倾向性，以起到点缀衬托的效果，忌过于夸张、醒目，以免起到适得其反的效果（图4-14）。具体来说，风格一致即在搭配豪放、粗犷风格的服装时，以具有热情奔放、粗大圆润、光亮鲜艳的造型和色彩特点的首饰为宜；与职业装搭配时，饰品要尽量简洁、大气，色调要与服饰相协调；选择晚宴场合与礼服相搭配的首饰品时，则以明亮的材质、色彩和款式夸张一些的饰品会比较出彩。所谓色彩上的协调一致，指首饰的色彩和服装的色彩既可以是同类色相配，也可以是在总体协调中以小对比点缀。如选择服装中某一色作为首饰主色调或是素色的服装配以鲜艳、漂亮、多色的首饰，或艳丽的服装配以素色的首饰等。

首饰和服装搭配的倾向性还表现在，两者必以其一为主导。一般情况下，首饰的风格要服

图 4 – 14　与服装搭配的各式项链

从于服饰的风格,在搭配中寻找一种平衡之感:如简单的着装可以搭配相对夸张繁复的饰品;整体多层次的穿着或是比较花哨的服装可能只需要一件精致的首饰加以提亮点缀即可。如果搭配领子较高的服装,一条长长的项链就能够拉长人们的视觉感受;大开领的服装则要搭配短链,但领口本身已经有闪亮珠片作为装饰的,就无需再画蛇添足使用项链;长袖不宜再使用手链或是手镯,但是可以佩戴戒指;项链的长度不宜超过衣服的长度等,关键还是要在视觉上保持一种平衡感。如果是首饰品发布会之类的特殊场合,服装处于从属地位,款式应尽量简洁,以突出首饰为原则。如果搭配时首饰与服装二者平分秋色,可以说就失去了搭配的意义。

2. 帽饰类

按照古代装饰部位的划分,帽类装饰于人体醒目的位置——头部,应该是属于首饰类装饰物。但按现代服饰搭配艺术的划分,帽类饰品则作为一个单独的装饰物品类(表4－2)。现代人常使用帽、巾,作用基本为装饰与御寒,其制作材料主要为布帛、各种动物毛皮等一些软质材料。

表 4 – 2　现代帽饰的常见分类

划分标准	常 见 种 类
按用途分	风雪帽、雨帽、太阳帽、安全帽、防尘帽、睡帽、工作帽、旅游帽、礼帽等
按使用对象和式样分	男帽、女帽、童帽、情侣帽、牛仔帽、水手帽、军帽、警帽、职业帽等
按制作材料分	皮帽、毡帽、毛呢帽、长毛绒帽、绒绒帽、草帽、竹斗笠等
按款式特点分	贝雷帽、鸭舌帽、钟形帽、三角尖帽、前进帽、青年帽、披巾帽、无边女帽、龙江帽、京式帽、山西帽、棉耳帽、八角帽、瓜皮帽、虎头帽等

帽子的选择与个人的形体条件紧密相关,不同的脸型、不同的肤色、不同的气质所适合的帽子也有差别。如图4-15所示为风格各异的各种帽子,应配合不同的脸型使用。人的脸型有圆型、长型、方型和尖型之分。一般情况下,圆型脸的人戴圆顶帽就会显脸部偏大,若选用宽大的鸭舌帽就比较合适;长型脸的人戴鸭舌帽就显得脸部更加上大下小,更见消瘦,如果选用圆顶帽就比较适宜;方型脸的人选择帽子相对比较容易。从肤色上说,帽子与人的脸部比较贴近,因此帽子的色彩要尽量能够衬托自己肤色,尤其是肤色不够白净的人,帽子颜色选择不当会使人的脸部色彩显得晦暗。相比较帽子,头巾的搭配受到人形体条件的限制就要少得多,毕竟头巾的装饰面积较小,且与人体脸部的贴合度也没有帽子接近。

图4-15 风情各异的帽子

值得一提的是,由于佩戴帽子或头巾的位置特殊,容易给人留下比较醒目的印象,因此帽子或头巾的使用从风格、色彩、纹样直至装饰手法,都应服从服饰搭配的整体性,图4-16夸张的帽饰与服装的风格相呼应,起到了画龙点睛的作用。

3. 鞋袜、手套类

(1)鞋袜。古代的鞋子称履,历代鞋履的形制非常丰富,其区别主要反映在质料、款式以及装饰等几个方面。如质地有丝、帛、葛布、麻等多种;款式有屐、靴等多种;装饰手法则有绣、镶等多种。我国古代对鞋子的穿着,在色彩、材质上都有一些限制,如丧葬着白鞋,女子缠足着三寸金莲等(图4-17)。随着社会的发展人们对服饰搭配的宽容度也越来越大,因

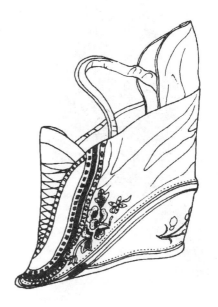

图4-16 夸张的帽饰　　　　图4-17 清代三寸金莲

此,现代鞋类制品的材料除了传统的布帛之外,常见的还有动物的皮、人造革等。装饰手法、款式也不尽相同。

鞋子的选择除注意要与服饰相协调外,对于个人的形体条件没有太多特殊要求。但与帽子相配套使用时则应注意视错现象对个人形象产生的影响:如果着装者个子不高的话,应尽量避免同时使用浅色的帽子和鞋子,因为浅色系具有一定的扩张感和膨胀感,会造成视觉上的上、下压缩,使人显得更加矮小。

袜在古代被作内衣解,我国现存的早期的袜子大多为两汉时期的遗物,质地不仅有罗,还有绢、麻、织锦等。从实物观察来看,当时的袜子制作都比较宽松,没有弹性,这种袜子穿着时很容易滑落,因此人们在穿着时往往在袜子的上端另系袜带。现代具有弹性的袜子是从西方传来的。1928年,杜邦公司展示了第一双尼龙袜,同时拜尔公司推出丙纶袜。1940年,高筒尼龙袜在美国创造历史最高销售纪录,并开始成为普通日用品。按照长短划分,现代袜品可分为长袜、中长袜、短袜等;按照使用的对象划分,有男袜、女袜、童袜等。古代的袜子属于不外显的内衣的一部分,但在现代时尚设计师的手中,它也成为服饰搭配的一部分。图4-18中鞋及袜的使用,为服装添色不少。

①男性服饰搭配时袜子使用注意事项。袜子在服饰搭配中起到的作用常常被人们所忽视,尤其是男士的服饰搭配。有时一个细节的疏忽造成的失礼是难以补救的。常用的男袜多为短袜,可分成两大类:深色的西装袜和浅色的休闲袜。

男士穿袜子最重要的原则是讲求整体搭配,多数情况下,裤边会直盖鞋面,只有在不经

图4-18　现代服饰搭配不可或缺的
配件——鞋、袜

意中才能见到袜子的存在。此时,袜子的色彩、质地、清洁度就会为穿着者的品位提供打分依据。男袜的颜色应该是基本的中性色,并且比长裤的颜色深。男袜的颜色与西装相配是最简单也是最时髦的穿法,如果西装是黑色的,可以选择黑色的袜子;深蓝色的西装就应该配深蓝色的袜子;米色西装配棕色或深茶色袜子。当一位男士坐着的时候,从他的西裤裤腿和西装皮鞋之间露出来一截雪白的棉袜或是一截光腿,这种将正装和休闲袜混搭的现象是十分不雅的。国际通用的规范是,白棉袜只用来配休闲服和便鞋,标准西装袜的颜色是黑、褐、灰和藏蓝,以单色和简单的提花为主。材质多是棉和弹性纤维,冬季增加羊毛来保暖。标准的西装袜袜筒应该到小腿处,以保证袜边不会从裤管里露出来,而且尽量挑不醒目的颜色;若做纯白的运动打扮,袜子一定要是纤尘不染的白色运动袜。

②女性服饰搭配时袜子使用注意事项。相对于男士而言,袜子在女性服饰形象塑造上所起到的效果更为重要。现代女袜形式多样,有长袜、连裤袜、中长袜、丝袜、棉袜等。其长度与材质多样,色彩也非常丰富,如彩印、彩织的多色袜、单色袜,质地各不相同。不但有透明的或不透明的袜子,还有袜边、袜背或整双袜子饰有花纹的,令人眼花缭乱。

女性袜子的选择要根据个人的腿部生理条件、服饰的整体造型要求来进行。袜子选用得当,可以使人的腿部显得修长。腿部短粗,就不适合穿具有外扩感的浅色袜、花式厚袜、不透明袜、羊毛袜以及金银色袜、花边袜、大朵提花袜等,而以深色的袜子为宜。如果双腿又细又瘦,则穿浅色或肉色的袜子为好。如果腿部肤质较差或是汗毛较重,过薄的袜子会令汗毛更加明显。

女性的袜子款式和色彩多种多样,但在裙装里占主导地位的还是丝袜。正式场合套裙应当配长筒袜或连裤袜,不准光腿或穿彩色丝袜、短袜,袜子不能有网眼、花纹、图案,穿上去后要平整。国际上通常认为袜子属于内衣的一部分,因此,穿裙子时袜子的袜口一定要高于裙子下部边缘,不仅在站立时袜口外露非常不雅,即便在行走或就座时袜口外露也不合适。袜子和裙子中间露一段腿肚子,这种穿法术语叫做"恶性分割",容易使腿显得又粗又短,在国外往往会被视为是没有教养的妇女的基本特征。事实上,鞋、袜、裤或裙颜色出现三种或正好被袜子分成三部分时就会产生"三截腿"的效果,是非常不雅的。此外,袜子不得有丝毫破洞、抽丝、染色现象。白色袜子在正式社交场合中不多见,一般只适合在运动场中出现,小姑娘穿白色袜子时,显得活泼可爱。

职业女性的丝袜以单色或是带隐约细小的花纹为好,颜色以肉色、黑色为宜。作为职业着装,袜子不宜过于突出,而只起到配合整个仪表的作用即可。袜子和鞋子或裙、裤的颜色一致,会使整个腿部看起来修长和统一,也同时显现出搭配者是有一定审美能力的人。

袜子选用得当,不仅可以使人的腿部显得修长,如果袜子能够有效地与服饰相搭配,还能够成为装扮美丽的有力工具。一个基本通则是:身上穿得越复杂,腿上穿的丝袜就越应该简单、清爽。袜子与服装相配,裙子和裤子的织物质地是袜子选择的先决条件。一些厚质的呢以及羊毛织物类可搭配不透明袜或花式袜子,半透明的薄袜可搭配薄型的呢及羊绒类织物,而丝织衣料、雪纺、棉织物之类的质地以搭配透明薄袜为佳。另外,还应注意袜子和鞋子的配合协调,通常鞋跟越高,袜子应越薄,厚袜不要配细高跟鞋,薄袜不要配球鞋。

一些外形宽松,色彩夸张的袜子或是袜套,只适合在休闲的时间穿着,可搭配一些短裙、短裤穿用,根据服装的色彩、款式风格进行搭配,营造出可爱、活泼的服饰特征,穿着者以少女为宜。

(2)手套。历史记载,手套最早见于公元前6世纪的荷马史诗,古希腊人进食时,同今日的印度或中东人一样,是吃抓饭的,不过他们用手抓饭之前,要戴上特制的手套。所以,手套曾是历史上的用餐抓饭工具。欧洲宗教界接过手套后,改变了它的功能,神职人员戴白手套,表示圣洁和虔诚,至今仍有某些教派的宗教仪式,必须戴白手套。19世纪前,白手套的神圣作用扩大到国王发布政令、法官判案都要戴上,甚至将军、骑士们也戴起白手套表示为神圣而战。不仅西方如此,中国军官也戴白手套,白色手套成了军人标榜尚武圣战的装饰。而今各国军队仪仗仍戴白手套保持传统。欧洲曾用手套象征权威和圣洁,所以早年的欧洲骑士,将白手套戴上,表示执行神圣公务;摘下手套拿在手中,表示潇洒闲暇;把手套扔在对方面前,表示挑战决斗;被挑战的骑士拾起手套,宣示应战……女人戴手套多为高雅美丽,所以古欧洲有丝绸、丝绒等质地的装饰手套,黑白彩色长短俱全。

现代社会,手套不仅是寒冷地区保温必备之物,还是医疗防菌、工业防护用品,同时时尚产业的发展使手套也成为服饰搭配的一个元素(图4-19)。现代的手套按材料来分,有毛、麻、丝、皮革等;就款式而言,有长至手腕、半指和全指之分;就使用的场合而言,有休闲手套、运动手套、医务手套、劳务手套等。不论是何种手套,只要掌握好它服饰搭配上的从属关系就比较容易取得较好的配饰效果。

4. 包袋类

包袋出现的初期是出于实用的目的,用以放置物品。我国古代人们常常使用包袱、褡裢作为出行物品的收纳用途。由于时尚产业的推动,包袋已经成为现代人服饰搭配的重要组成部分,兼具了实用和美观的双重功能。同时,包袋的设计也向着不断求新求异的方向发展,每一季的流行服饰时尚发布都离不开包袋的点缀。

(1)包袋常用材料与风格。包袋的制作材料极为广泛,包括棉、麻、布、帛、皮革等各种人造及天然的材料,可用作服装制作的面料都可以用作包袋的制作,而很多服饰不能使用的材

图 4 – 19   服饰搭配的元素——手套

质,包袋也可以使用。制作材料的差异,装饰手法各异,使得包袋呈现多样的款式风格。在不同的流行阶段,包袋设计师往往根据不同时期的不同流行风情来设计,从而形成独特的风格。如以抽象图案表达,花样百出的度假风情;如用洗水、漂白、喷砂洗、染洗或制造如被猫抓过的白线效果,或是以起皱的效果加点扎染技巧,造出浓浓的怀旧效果;抑或是从工装中提取元素,功能性、实用性的口袋设计以及装饰性明线、补丁,拉链的金属质感与包袋外廓明朗的线条,营造出粗犷热烈的气质……

(2)包袋与服饰搭配注意事项。包袋与服饰的搭配关系到年龄、职业、季节,使用者性格、着装、使用场合等诸多因素。不同年龄段的人对时尚的观点也不同,包袋的款式搭配首先应该和自己的年龄段吻合,才不会使人产生搭配不协调的感觉,另外还要考虑包袋的颜色和年龄的协调;不同的职业对包袋的选择也有区别,职业女性可以选择简洁一些的款式,这样可以突出自己的品位。经常外出,可以选择休闲一些的包袋,显得比较有活力。如需携带一些资料或面见客户,可以选择实用型包;包袋的选择还需与季节相协调,夏季的包袋一般应以浅色或是淡纯色为宜,这样不易产生扎眼的感觉;冬季可以选择略深颜色的包袋。

着装是一门艺术,包袋和服装是一种整体的搭配。包袋款式和颜色的不同都能和着装产生不同的效果。考虑到色彩的协调性,有三种搭配方式比较简便且可以取得不错的效果:同色类搭配法,包袋和衣服为同色深浅的搭配方式,可以产生非常典雅的感觉,如咖啡色着装搭配驼色包袋;对比色搭配法,包和服装可以是明显的对比色,产生一种另类抢眼的搭配方式,如黑色裙子加白色皮鞋搭配黑白色间色包袋;与衣服色彩呼应搭配法,包的颜色和服装的色彩、花纹、配饰协调搭配,如粉白色上衣加淡紫色裙子搭配淡紫色或米色包袋。

服饰搭配时,色彩与服饰搭配的协调固然是重要的,但更为重要的是服饰风格与包袋风格之间的融合(图4-20)。休闲的T恤打扮,则可以搭配质地柔软的包袋,以配合服饰悠闲的生活态度;端庄稳重的职业服饰,则可以搭配廓型鲜明,外形小巧一些的包袋,以体现职业妇女干练又不失精巧的性格特点;高贵的晚礼服,包袋的配饰同样要具有优雅的气质。值得注意的是,使用包袋时,数量尽量控制在一个,身上只背或提着一个包,看起来才会干净利落。如果要带的东西真的太多,必须分装成两包时,最好能够一背一提,即一个用背包、另一个用手提包的方式来处理,背包和手提包除了要有大小之分,也要避免使用同一系列的产品,整体造型看起来才会轻盈活泼。

图4-20　舞台上风格各异的包袋

包袋与服饰的结合如果搭配得当将会起到画龙点睛的作用,使服饰形象显得更为整体,而如果包袋与服饰的结合不够融洽,则会起到适得其反的效果,使服饰形象显得凌乱,着装者的个人魅力也会大打折扣。

5. 腰饰类

腰饰是用于人体腰部位置的装饰品,由各种材料制作而成,兼具绑束衣服的实用功能以及装饰的美学功能。在古代,不论穿着官服、便服,腰间都要束上腰带,多以布帛及皮革制成。一些贵族还常常在革带上悬挂刀剑、印章之类的随身物件,天长日久,腰带便成了服装中必不可少的一种饰物。20世纪70、80年代,裤子款式普遍腰部肥大,因此要在腰部使用腰带系扎,国人利用一些废弃的面料边角经过简单加工制成腰带,系住裙或裤,这类腰带人们更加通俗地称它为"裤带",因其主要的目的在于实用,不涉及美观的概念。当时这类腰带男女皆用,现在已经很少有人使用了。在现代服饰中,只有一些女性的服装中还可以见到布帛类软质的腰带,如一些连衫裙、大衣等,但主要的目的是为了凸显腰身,是服装款式美观的需要,已基本脱离了实用的目的。另还有一些用纱、缎类制成的腰带,也主要是装饰之用。

皮革类材质制成的腰带在现代服饰中极为常见,不论男女皆可使用。除天然的各类动物皮革外,还有很多人造材质也被广泛应用。男子服饰中多使用一些高档的皮革制品,搭配一些款式比较正规的西裤穿着,而一般休闲一些的牛仔类裤装就很少使用了。男子腰带的款式比较单一,一般为深色皮革,带上没有装饰,带头多为金属制成。带头的造型大致相同,至多在细节上略有差别。现代男子所用之腰带与古代男子所用款式有所类似,但不同的是现代男子腰带鲜有再悬挂其他配饰的。女子服饰也常使用腰带,不但材质、色彩多样,且款式也更为多样化,钉、镶、绣、编多种装饰手法皆可使用,还常常饰以各式挂缀。除皮革类腰带外,一些塑料、绳结、金属甚至珠类饰品也被广泛运用于腰带的设计,在现代服饰艺术中,腰带已经成为服饰搭配的重要组成元素,其实用的功能已经大大削弱了。

时至今日,腰带已经成为一种时尚,细看国际大大小小时装秀,设计师已经离不开腰带了。作为配饰的一部分,腰带能起到很好的收身勾勒线条的作用。因其处于人体上下服饰的衔接之处,腰带在服饰搭配时往往具有承上启下的功效。腰饰与服饰的搭配多在色彩及风格上形成呼应:

(1)色彩。在服饰搭配时,腰带的色彩可以与服装相融合、达到色彩和谐的视觉效果,但也可以有意拉开色彩差距。如图4-21所示,各式腰带已经与服饰融合为一个不可分割的整体,装饰效果是独特的。如褐色的衣衫搭配浅米色的腰饰;黑色的连衫裙配以大红色的腰带等。

图4-21　服饰配件——腰饰

（2）风格。腰带的配饰作用以风格搭配最为关键，在选择服饰配套的腰带时首先应对服饰进行准确的风格定位，而后根据风格要求选择腰带的款式、材质、色彩。如层叠的丝绸和雪纺制成的腰带，温馨的色彩、传统的绣花装饰，具有浓浓的女性气质，给人以温暖亲切的感觉，因其效果比较轻和飘逸，所以在服饰选配时应避免把它们与厚重的衣服配在一起。另外，那种层叠感很强的裙子也应尽量避免，以免让人产生累赘之感。

腰封与腰链是腰饰中两个较特殊的品种，它们一宽一窄，一粗一细，对服装起到了很好的装饰作用。

（1）腰封。腰封原指"书腰纸"，是包裹在图书封面中部的一条纸带，主要作用是装饰封面或补充封面的表现不足。现代服饰艺术中，腰封又被称为腰夹或是胸衣等，是束于人体中部——腰部的一种服饰用品，有外穿和内穿两种。无肩、无袖、修身 Low－cut 式外穿式腰封适合配合礼服穿用，内穿式高弹性的腰封非常适合生育后想恢复体型以及腰部松弛或太粗的女性，它一般采用立体裁剪，有 9～12 条纵向的弹性压条，长度是从胸下围至臀部以上，长期穿着可有效地分散均匀脂肪，维护脊椎，抬高胸线，防止胃部扩大，控制食欲，美化腰线。

时尚界所说腰封，通常是指系在人体腰部的腰带，材质通常为皮、帆布等。腰封的收紧作用，有利于表现女性纤细的腰肢，便于与各式服装搭配，尤其与各种连衣裙搭配效果尤佳。腰封风格夸张，往往以水晶、珠片或铆钉作为装饰，带有帅性、坚毅的气质倾向。这种夸张的腰带能与任何服装搭配出彩：与女性十足的连衣裙搭配，可显出柔中带刚的气质；而与帅气的短打军装或是粗犷的牛仔裤相搭配则显得酷味十足。

（2）腰链。以各类材质串连而成的腰链既细又长，显得清爽飘逸。腰链品种也比较丰富，大多为珍珠腰链、金属腰链、丝带腰链等，这些腰链充满着简约柔美的风格，细长的腰链末端延伸出的流苏吊坠在走路时摇曳生姿。这些腰链的最佳"搭档"就是牛仔裤装和各种裙装，这些裤装或裙装的垂感可以更好地衬托出腰链的摇坠之感；裙装与纤细的金属腰链的搭配；牛仔裤与晶莹的珍珠宽腰链的搭配；连衣长裙、或是长风衣搭配以珍珠、金属、丝带腰链，都会衬托出着装者曼妙风姿；有时甚至可以是数条不同风格的腰链进行搭配，强烈的风格撞击反而起到了不同凡响的视觉冲击力。

腰带的选配要符合个人的身材、气质条件的要求，一般说来腰部较粗的人不适合色彩艳丽、款式夸张的腰饰，以免凸显腰部的不足；而即使腰部较细但盆骨较宽的人也不适合过于夸张的腰带，一些带有花饰的腰带也不适宜；细细的腰链只有小腹平坦的人才能穿出它的美感，且搭配的服装裁剪一定要顺畅合体，否则是很难驾驭的……

6. 领带、领结、围巾类

（1）领带、领结。领带是上装领部的服饰件，系在衬衫领子上并在胸前打结，广义上包括领结。领带起源于欧洲，它通常与西装搭配使用（图 4－22），是人们、尤其是男士日常生活中最基本的服饰品。现代男子使用的领带基本沿袭 19 世纪末的条状款式，45°角斜向裁剪，内夹衬布、里子绸，长宽有一定的标准，色彩、图案多种多样。

现代服饰搭配理念中，领带与领结都是在比较正规的场合穿用的。相比较而言，领带的

图 4 - 22　领带

使用场合更多一些,一般穿着西服、衬衫都可以系扎领带。领结只有穿着礼服时才能使用。领带被称为西服的灵魂,有时搭配一条精致的领带,可以起到画龙点睛的作用。

男子选用领带有以下注意事项。

①面料。领带的选择主要考虑其面料、色彩、图案、款式等几个方面,领带首选的面料为真丝,真丝是制作领带的最高档的面料,除真丝之外,其他面料如尼龙面料、棉布、麻料、羊毛面料、皮革等,也可用于制作领带,但档次较低。还有一些在旅游区工艺品商店常见的如纸张、竹篾、珍珠等特殊材质制成的领带,大多不适合在正式场合使用。

②色彩。领带的色彩有单色、多色之分,单色领带适用的场合较广,一些公务活动和隆重的社交场合都适用,一些中性的颜色如黑色、白色、灰色,蓝色、不同深浅的棕色、紫红色等最受欢迎,多色领带一般不要选择颜色超过三种的。需要注意的是,色彩过于艳丽的领带用途并不广泛,只有在非正式的社交、休闲时才适合使用。

③纹样。多色领带的花型一般有抽象纹样以及具象纹样两类,以抽象纹样花型的领带使用面较广。用于正式场合的领带,其图案应规则、传统,最常见的有斜条、横条、竖条、圆点、方格以及规则的碎花,它们多有一定的寓意。印有人物、动物、植物、花卉、房屋、景观、怪异神秘图案的领带,仅适用于非正式的场合。

总体而言,领带与服装最简单的搭配方法就是衬衫和西装颜色搭配,领带和衬衫搭配,如果是白衬衫,领带直接去搭配西装颜色就好,使领带起到一个衔接衬衫和西装颜色的作用。即使是纹样极为复杂的领带,其色彩一般也会统一在一个色调里。按照西装—衬衫—领带三者的顺序,比较简便的配色法是:深—浅—深、浅—中—浅或是深—中—浅的配色方法,如图4-23所示。

图 4 - 23　领带佩戴的色彩搭配

只要色彩搭配统一和谐,不管哪种配色法,均能收到不错的效果。领带的款式及其形状外观,有宽窄之分,这主要受到时尚流行的左右。进行选择时,应注意最好使领带的宽度与自己身体的宽度成正比,而不要反差过大。领带还有箭头与平头之别。前者下端为倒三角形,适用于各种场合,比较传统;后者下端为平头,属于比较时髦的款式,多适用于非正式场合。除西服外,着其他的服饰如大衣、风衣、夹克、猎装、毛衣、短袖衬衫时,最好不要打领带。

传统的服饰观念里,领带属于男士的饰物,女士一般不打领带。但现代时尚的发展,将领带也带入了女性服饰搭配的领域。在中性风格以及军装风格大行其道的时候,一些设计师巧妙地把原属男性的领带饰品引领进了女性时尚概念,营造出率性的女性形象。一些服饰搭配中,领带的形象甚至完全颠覆了其在人们心目中的传统印象,显得大胆而前卫,如图4-24所示。

图4-24　打破常规使用方法的领带

提到领带不能不提及领带夹,领带夹是为了使领带保持贴身、下垂的服饰用品。正式场合中把领带夹在衬衣襟上,这样领带会显得比较笔直,既不会被风吹起,弯腰时也不会直垂向地面。领带夹在穿西服时使用,仅单穿长袖衬衫时没必要使用领带夹,穿夹克时更无需使用领带夹。穿西服时使用领带夹,应将其别在特定的位置,即从上往下数,在衬衫的第四与第五粒纽扣之间,将领带夹别上,然后扣上西服上衣的扣子,从外面一般应当看不见领带夹。因为按照妆饰礼仪的规定,领带夹这种饰物的主要用途是固定领带,如果稍许外露还说得过去,如果把它别得太靠上,甚至直逼衬衫领扣,就显得过分张扬。

领带夹的质料,有镀金的、仿金的、K金的和白银的,有的领带夹上还镶有天然或人造的宝石加以装饰。不过从近年来的时尚趋势看,除特别正式的场合,男子着西服、戴领带已经很少同时使用领带夹了。

（2）围巾。较领带和领结，围巾被更多使用于女性的服饰搭配中。围巾的面料品种很多，棉、毛、丝、麻等都是围巾常见的面料品种，根据面料厚度的不同，适用于不同的季节；围巾的款式也非常丰富，如大方巾、小丝巾、三角巾、长巾、异形巾等，根据其风格的不同可以搭配不同的服装款式；围巾面料的花型更是丰富多彩，几乎服饰适用的一切花型都可适用于围巾。围巾与服装的搭配，色彩的调和是首要的条件，如可以与服装相融合也可以有意识地与服装拉开色彩对比，有关色彩的搭配问题在前面章节已做介绍，在此处恕不赘述。

①根据形体条件选择围巾。根据个人的形体条件选择围巾十分重要。个人的形体条件包含肤色、体型两个方面。从肤色来看：肤色偏黄的女性应避开紫色和黄色，可选择奶白色、湖蓝色、中绿色的围巾，使自己的脸在丝巾的衬托下更白净；如果肤色白皙，颈部修长，且身高适中，则各类色彩的围巾都可以取得不错的配饰效果。在图案上可选择大朵的花卉，宽大的格子，散点式，或抽象色块的组合拼接，都可以使人看上去有朝气、睿智和干练之感。就体型而言：身材苗条的青年女性可以选择张力的橙色、柠檬黄色、果绿色，以及一些大花型面料的围巾，在人群中有跳跃、醒目的作用；体型略为丰满，颈部不长的人，在佩戴围巾时就应尽量避免使用质感过于厚实的款式。即使是身材苗条但脸部较胖的女性，也尽量不要选用过于跳跃的色彩，切忌大花大格的围巾，细条纹或小花型的围巾是不错的选择。

②根据服装款式选择围巾。不同服装款式所适合的围巾样式也不同。如为了搭配无领毛衫，可以选择一条色调柔和的、小碎花形的围巾；而为了搭配高领毛衫时，则以富有垂感的长纱巾为好。色彩纯度低的蓝、紫、墨绿、褐色等围巾较易与服饰搭配。

③利用不同系扎方法塑造外观形象。围巾色彩、面料、花型、款式的选择固然重要，围巾的系扎方法也非常有讲究。即使是同一条围巾，系扎的方法不同，就可以产生不同的外观效果。如同一款长巾，轻披于肩部，感觉可能是端庄、大方的，而将其系扎于腰间，感觉则可能是休闲而活泼的。图4-25～图4-27是几种不同的小方巾、长巾及披肩式围巾的系扎方法，供大家参考。

④根据场合选择围巾。无论男女，正式场合使用的围巾都要庄重、大方。颜色可以兼顾个人爱好、整体风格及流行趋势，最好无图案，亦可选择典雅、庄重的图案。

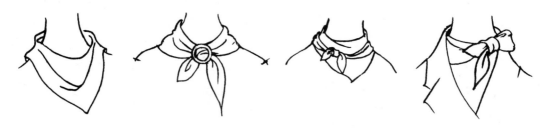

图4-25　小方巾的系扎方法

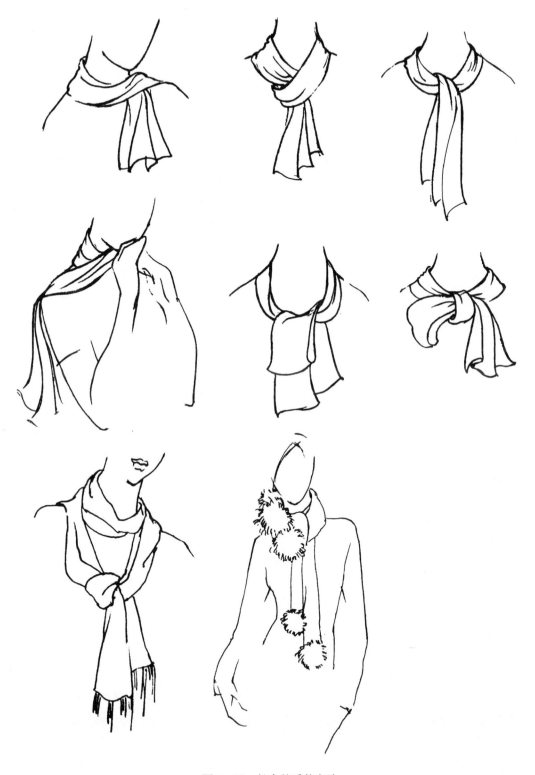

图4-26　长巾的系扎方法

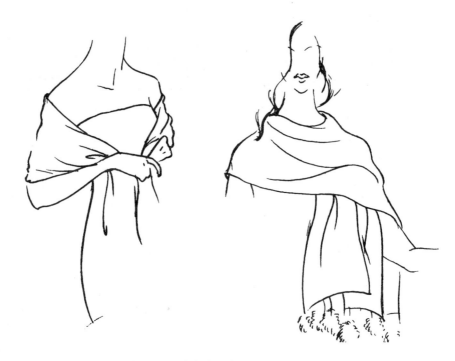

图 4 - 27　披肩式围巾的系扎方法

7. 其他

（1）胸针。胸针又名别针，是一年四季都可以佩戴的装饰品。胸前佩戴一枚精巧而醒目的胸针，不仅可以引人注目，给人以美感，而且具有加强或减弱外观某一部位的注意力，达到衣服和首饰相得益彰的审美效果。胸针的质地、颜色、位置，需要考虑与服装的配套与和谐。胸针与服装的搭配可以从四个方面考虑：

①考虑服装种类搭配胸针。穿西装时，可以选择色彩纯正、材料较好、大一些的胸针。穿衬衫或薄羊毛衫时，可以佩戴款式新颖别致、小巧玲珑的胸针。因季节的不同，服装随之会有变化，选用的胸针也要有所不同。夏季宜佩戴轻巧型胸针；冬季宜佩戴较大的、款式精美、质料华贵的胸针；而春季和秋季可佩戴与大自然色彩相协调的绿色和金黄色的胸针。

②考虑服装款式与材料搭配胸针。胸针与不同样式的服装相配，或是佩戴在不同面料的服装上，所产生的点缀效果与整体的审美效果是不一样的。如在结构不对称的服装上，将胸针别在正中部位，在视观感觉上可起到平衡的作用；在西服套装的领边上别一枚带坠子的胸针，则令庄重之中增添几丝活跃的动感；如果服装色彩较简单，搭配有花饰的胸针可以显出独特的风采；如果上装是多色彩的，下身是较为深色的裙或裤，则胸针的色彩可以与下身的裤或裙色彩呼应。

如果服装的材料比较高档，不宜采用玻璃、陶瓷、竹木一类材质的胸针，会显得与服装之间不协调。

③考虑使用者身份的搭配。老年人可以选择材质比较好的贵金属、珍珠、钻石等天然材

质,可以衬托出雅致而稳重的特性;年轻的女性在选择胸针时,最好以别致型、趣味型为佳,在材料上就没必要追求高档的金银珠宝。

④考虑胸针在服装上的位置。佩戴胸针的位置也有讲究。一般穿带领的衣服,胸针佩戴在左侧;穿不带领的衣服,则佩戴在右侧。头发发型偏左,佩戴在右侧,反之则戴在左侧。如果发型偏左,而穿的衣服又是带领的,胸针应佩戴在右侧领子上,或者干脆不戴。胸针的上下位置应在上装第一及第二粒纽扣之间的平行位置上。

对于现代时尚女性而言,胸针的佩戴完全可以充分发挥个人的创意,创造出与众不同的搭配方式:胸针不一定别在衣领上,当胸针佩戴于颈部的一侧或是肩头时,浪漫主义的色彩渗透出女性的温婉娇媚,胸针就成为女性身上最精致艳丽的点缀;胸针扣在胸前时,还可以尝试把几个小型胸针不规则地扣在一起,或选择别致的花朵胸针,创造活泼跳动的感觉(图4-28);休闲的牛仔裤一边的口袋上扣上一个甚至是一簇胸针,同样能让人耳目一新;款式简单的帽子扣上一个别致的胸针,也能营造出鲜明的效果,显示出优雅高贵的气质且不落俗套;也可将胸针扣在围巾两端交接的位置,既可用作围巾的固定,又起到了装饰的作用。

图4-28　别致的花朵胸针为服装增色不少

(2)伞。伞本是雨天为了遮蔽雨水的生活用品,现代的伞类制品除了具有避雨、遮阳的功效外,也同时兼具了美观的功效。一些以镂空的花边面料制作的伞,已不具备防雨的功能,但外观十分漂亮,搭配一些女性化风格的服装十分出彩,反之如果是一身运动风格的装束使用这样的伞就不太适合了;还有一些透明塑料材质制成的伞,虽不具备遮阳的功能,但在有微雨的春秋季,用以搭配比较飘逸、色彩清淡的衣裙,则可以营造出一种柔柔的浪漫情怀;再者,带有卡通图案的短T恤搭配以印制着儿童绘画的伞,在休闲的时节无论是避雨还是遮阳,都能够吸引不少注目的眼光,如图4-29所示。

(3)扇子。扇子在我国已有3000多年历史。据《古今注》记载,最早的扇子是殷代用雉尾制作的长柄扇,但并不是用来拂凉的,而是一种仪仗饰物。由持者高擎着为帝王障尘蔽日。汉代以后,湖南的竹扇和山东的绢扇普遍用来取凉。我国自古还流传下来许多与扇子有关的诗句,如苏东坡"雄姿英发,羽扇纶巾"、杜牧"轻罗小扇扑流萤"等,可见那时候扇子是男女都使用的。在电扇、空调普及前,扇子也是人们日常生活不可或缺的物品,在夏日炎炎的傍晚热气退去,树荫下三三两两蒲扇轻摇话家常。生活节奏的加快、生活环境的变迁、

图4-29　舞台上的服饰配件——伞

生存条件的变化,这样的纳凉场景在现实生活中已经鲜有看见了。扇子的种类繁多,以制作材料分,有竹扇、麦扇、槟榔扇、蒲葵扇、丝绸扇、羽扇、木雕扇、玉雕扇、牙雕扇、檀香木扇、绢扇、茧扇、火画扇、竹丝扇、印花纸扇、塑料扇等;如以形式划分,有折扇和团扇两大类。

　　扇子在现代服饰整体性中所起到的作用多为舞台表演性服饰的搭配,如一些具有复古风格的服装,就常使用扇子作为服饰配件。如图4-30、图4-31所示,不同的扇子很好地渲染了服饰气氛。

图4-30　扇子在服饰形象塑造中的作用

图 4 – 31　服饰配件——扇子　　　　　　　图 4 – 32　时尚的有色眼镜

（4）眼镜。眼镜也属于被纳入时尚范围的生活实用品,流行因素的介入使眼镜这一原本为纠正视力而发明的物件具有时代的气息。眼镜基本可以分为两大类,框架眼镜和隐形眼镜,在时尚的氛围下不论是哪一类眼镜都具有美观与实用的双重功效。

框架眼镜与服饰的搭配可以从眼镜的外形、眼镜的颜色等方面进行考虑。如以协调为总原则,将眼镜(包括镜架及镜片)的色彩与服装的色彩统一在一种色调中,如果服装是红色调,眼镜就选择接近红的颜色;服装是白色调,眼镜就选择接近白色的颜色等;或是以对比为宗旨,选择与服装色彩形成强烈对比的眼镜。如服装颜色是冷色调,眼镜颜色就选择暖色调,或反之,如服装颜色是红色,眼镜就选取蓝色;服装是紫色,眼镜就选取黄色等;再者以眼镜为点缀,用醒目的眼镜颜色点缀大面积、大体积的服装颜色搭配,起到万绿丛中一点红的效果(图 4 – 32)。有色隐形眼镜的问世,有色的镜片改变了人们与生俱来的瞳孔色彩,又为时尚增添了一个亮丽的元素。有色隐形眼镜作为服饰的搭配元素,或是在色彩上与服饰产生色彩的共鸣,或是反其道而行之——拉开色彩差别,在对比中展现生动。

季节也是眼镜选择可加以考虑的因素。夏天,难消的暑气常给人烦躁疲惫的感觉,由于心理的影响,眼镜如果佩戴不当,容易给人多余的累赘感。因此,夏季配镜讲究抢眼而不刺眼。举一例,如红色为主调的连衣裙,搭配红色边框的眼镜,在增添一份书卷气的同时,流露清闲可人的气质。冬季,在暖色的红头巾和乌黑的秀发的对比下,如果再戴上同色的镜架相映衬,流行与个性在不经意间流露出来。由于与时尚的联合,眼镜已不再仅仅是纠正视力的工具,现代社会不是近视的也可佩戴平光镜以迎合流行;近视的除了可以佩戴有度数的眼镜,还可以戴隐形眼镜再配合不同造型的平光镜,同样尽显鼻上风采;甚至于一些眼镜的设计,外形奇特、风格张扬,已不是出于实用的目的,而完全是为了彰显个性、附逐时尚了。

（5）打火机。传统观念中打火机是专属于男人的饰品，但随着社会发展，打火机也成为一部分女性坤包中的必备之物。打火机以 Zippo 和 Dunhill 最为热门。Zippo 的打火机风格较为粗犷。Dunhill 打火机中经典款式的镀金机身可以恰到好处地显示出时尚与高贵之感。一些纪念款的打火机，更是在款式、图案上设计别具匠心，能够体现所有者不凡的生活格调。打火机款式基本雷同，主要差别体现在图案以及材质上，但由于打火机不属于随时彰显在外的物件，与服饰搭配的关联性不如其他的饰品突出。需要注意的是，即使一次性的打火机方便实用、铺天盖地，但切不可从一身优雅、价格不菲的服装口袋中掏出，一个精致的打火机是其所有者品位的反映。

综合而言，为了更好地了解配件在整个服装搭配中的地位以及全面理解服饰搭配中局部与整体之间的关系，分析局部与局部之间，局部与整体之间的关系是非常必要的。不论是哪一种服饰配件，在整体的服饰搭配形象中所扮演的仅仅只是一个局部，其设计如与整个服装设计风格是一致的，则可形成完整的服饰形象。而如果配件的设计与服饰的设计形成一定的对比，则该局部就会在服饰搭配中成为视觉焦点，成为首先吸引人们注意力的部分。切记，配件在服装中是起衬托和点缀作用的，切不可平分秋色，喧宾夺主。服饰搭配时决不能既想突出服装，又想突出配件，多重心往往意味着无重点。局部与整体的关系不可颠倒，服饰搭配时必须认识到局部的特性，调整好配件与服饰整体的关系。

三、服饰配件与服装的搭配协调统一

具体地说，配件的使用与服装之间是相互作用、相辅相成的，只有当两者协调统一时，它们的美感才会充分展现出来（图 4-33）。此处所指的"统一"为大统一的概念，即不论服

图 4-33　服饰配件与服装搭配要协调

饰配件与服饰之间在色彩、款式或是造型上和谐抑或对比,只要在服饰形象完整的前提下,表现出了服饰美的特性,都可以称之为"协调统一"。配件与服装的协调统一一般还要注意以下几个问题。

(一)风格上的呼应

配件的选择是以服装的风格造型作为前提和依据的。选择与服装相搭配的各类配件,首先应确定服装主体的基本风格,而后根据实际情况考虑搭配的效果,服饰配件的选择要依据服装的风格来进行。一般情况下,服饰配件的选择强调与服装之间的协调,如礼服的款式风格精致华贵,则要求配件的风格也应具有雍容的晚宴气质,便装的款式构成较为简洁大方,则配件的风格也要随意和自然等。风格呼应并不意味着服装与配件的风格必然具有相似性,具有混搭意味的服饰组合,配件与服装之间存在一定的对比,作为客体的配件反而使得服装更为突出,这样所达到的统一关系也属于风格呼应的一种形式。

(二)体积上的对比

把握好局部与整体之间的大小比例关系是处理好配件与服装搭配的关键性因素。配件是服装的从属性装饰,但并不是一味地以减少其在整体服饰形象中所占据的体积比为前提的。一件独具特色、精致漂亮的配件可以为服装增色不少,妥善运用各类服饰配件是服饰搭配艺术中必须极为重视的一个问题。服装与配件之间的主从关系极为微妙,服装与配件两者之间存在的主客体关系是始终贯穿于服饰搭配过程中的。一方面,服装的主体关系不容忽视;另一方面配件的客体关系有时还会与主体产生倒置。服装与配件的主客体倒置,不能简单地理解为一味地去追求配件客体的作用,而是在一种新型的配件与服装的关系基础上,力图达到神形统一的效果,其实适当地突出配件的客体作用,目的是为了更好地强调服装的主体地位。同时,配件与服装的主客体倒置要避免配件与服装脱离太远,而达到一种既突出客体却又不改变其从属地位,弱化主体却又不和主体相脱离的状态。

(三)肌理上相对比

制作服饰配件的材料种类很多,服装与配件组合可根据不同的需求心理、审美情趣做相应的变化。服装与配件之间肌理对比最为突出的体现是在面料上,比如,当服装的面料较为细腻时,可选择质感粗犷而奔放的包袋;当服装面料较为厚重而凹凸不平时,则可选择一些肌理光润柔滑的包袋,与服装面料造成鲜明对比。总之,从服饰的整体肌理效果来看,两者之间既可相互对比也可相互补充,既可互相衬托又可相互协调,在搭配变化中产生出一种特有的视觉美感。

(四)色彩的配合

色彩是整体服饰形象的第一视觉印象。服饰配件常常在整体的服饰色彩效果中起到

"画龙点睛"的作用。当服装的色彩过于单调或沉闷时,便可利用鲜明而多变的色彩运用到配件中,来调整色彩感觉,而当服装的色彩显得有些强烈和刺激时,又可利用配件单纯而含蓄的色彩来缓和气氛。服饰形象色彩的处理要根据整体效果的需要,这样既可以迅速快捷地选择好颜色,又易取得色彩的高度协调。

服饰配件虽然在服饰的整体效果中占有一定的位置,然而在审美实践中人们认识到,其艺术价值是与服装分不开的。服装和配件一经穿戴,便成为人们外表的一个组成部分,烘托、陪衬和反映着人们的内在气质。

小结

本章节主要介绍了不同大类的服饰配件及其特性,并就服饰配件的产生、发展予以了阐述。不同的服饰配件具有不同的表现形式,服饰配件是服饰搭配时不可或缺的重要组成部分,在塑造服饰形象时要结合不同的配件特性,妥善加以运用,使之更好地为服饰造型服务。

思考题

1. 简述服饰配件的特性及其在服饰构建中所起到的作用。

2. 服饰配件可以分成哪几大类?

3. 试将所收集的不同服饰配件及服饰图片按照风格进行分类组合。

实践与应用——

服饰搭配与环境因素

> **课程名称:** 服饰搭配与环境因素
>
> **课程内容:** 服饰形象塑造与环境因素的关系
>
> 社会环境背景下的服饰搭配
>
> **课题时间:** 12 课时
>
> **训练目的:** 要求学生对服饰与环境之间的关系产生一定感悟,尤其是社会环境对服饰塑造产生的影响应具有较为深刻的认识。通过本章节的学习,能够学以致用,灵活进行服饰形象的塑造。
>
> **教学要求:** 1. 理论讲解。
>
> 2. 针对商业环境中的服饰搭配布置,组织学生市场调研。
>
> 3. 组织学生进行服饰设计作品静态或动态展示活动。
>
> **课前准备:** 预习本章节,并组织实地观摩服饰表演。

第五章　服饰搭配与环境因素

第一节　服饰形象塑造与环境因素的关系

服饰搭配不仅仅包含上下装、里外装以及各类服饰配件之间的搭配关系,同时还要考虑服饰的搭配和周围环境的关系,甚至服饰搭配欣赏者的欣赏层次、文化涵养也是应纳入考虑的因素。各类因素与服饰共同形成一个综合的、完整的服饰形象,一旦离开了这些背景的衬托,服饰形象的美感便很难把握了。

服饰形象离不开环境因素,服饰与环境因素之间是大和谐的关系,没有一定的环境因素作为服饰形象的背景,就很难对服饰之美下准确的结论。"人—服饰—环境"三者密切相连,人活动在生活的各个角落,注定了服饰的美具有流动性,受环境等诸多因素的影响,是在与环境的比较和联系中产生美感的。服装的款式、色彩、造型等方面通过人的感官作用,引起人对于生活的联想和感情上的共鸣,从而产生一系列心理活动,由此迸发出的对服饰的好恶感受以及象征意义。环境对于服饰的影响可以分为两方面:自然环境和社会环境。

一、自然环境

作为服装的主体——人,必然会与周围的环境发生这样或那样的关系。自然环境是影响人们服饰穿着的重要因素之一。

(一)自然环境造就的客观服饰差异

不同的自然环境,不同的生产方式,不同的风俗习惯,形成了千差万别的社会形态,也创造出了色彩斑斓的服饰艺术,正所谓"十里不同风,百里不同服",自然环境造就的服饰差异是十分明显的。各个少数民族都有自己独特的传统服饰,不同的服饰具有不同的外观特征。

由于所处的生态环境差异较大,使云南省不同的地区和不同的民族呈现出不同的服饰景观。复杂多样的自然条件和生态环境使各民族选择的服饰面料和款式都与所处的生态环境相适应。各地各民族传统服饰的用料,大多就地取材。滇西畜牧业较发达,普遍养羊,有的还饲养牦牛,能确保羊皮、羊毛、牦牛毛用于人们服装的需求,从牲畜养殖到衣服加工,基本上都由各家自己完成。其他地区各民族以麻、棉等天然纤维布、织锦、土布来缝制衣服。作为民族文化载体的服饰,因受地理环境、自然气候等因素的影响,形成自己独具特色的颜色、样式和风格。

　　总体来说,高寒山区的民族服饰以厚实、粗糙为特征;坝区与河谷的民族服饰则以轻盈、秀美为基调。如世代居住在黑龙江流域和大兴安岭地区的游猎民族鄂伦春族,所处地带寒冷,为了与恶劣的自然环境做斗争,鄂伦春人喜欢用皮制作衣服、鞋帽以便御寒。他们主要的服装是皮袍,带大襟,袍边和袖口镶有薄皮。而居住于大理湖滨地区的白族,他们以捕渔、农耕生活为主,加之气候温和湿润,生活环境较为优越,其服饰很大程度上折射出这种环境的优越性,整套服饰给人一种清新明快的感觉,白色长袖衬衫外套红、蓝色领褂、腰围深色下摆绣花围腰、下穿浅色直筒裤、脚穿绣花船形鞋组成的服饰充分展示出一种水居民族热爱水、热爱自然、对生活充满热情的生活态度。

　　自然环境在人类服饰上的反映真实显示了各个民族的文化传统和文化心理,向世人展示着具有原生态文化特色的遗存。自然环境与人类服饰之间的关系是相互牵制的:自然环境造就了不同的服饰风格,人类的服饰打扮也因所处环境的不同做着这样或是那样的变化与调整。

(二)考虑自然因素的主观服饰选择差异

　　从不同的服饰穿着目的出发,考虑自然环境因素,服饰的搭配选择也是多种多样的,涉及色彩、款式等多个方面。在一些特殊的气候条件下,如严寒,服饰首要的作用就是保暖,不但服饰的材质、款式要足以御寒,而且还要便于活动。气候条件正常的情况下,参与一些运动类活动项目,服装的款式选择多是休闲的、便于活动的,如图 5 - 1 所示;而色彩方面,也大多采用鲜艳的颜色,像登山服色彩的选用,其鲜明的色彩在视觉上容易引起注意,登山时一旦出现危险则便于展开救援工作。而普通的山区游览,服饰的选择自由度就比较大,只要便于活动、色彩的选择则没有太多的约束。

图 5 - 1 运动休闲服饰

二、社会环境

　　各民族对色彩的不同爱好,往往可以在自然生活环境中找到依据,但民族用色偏好却更多地具有社会性原因。如中国封建社会里,黄色是皇帝的专用色,被视为至高无上的色彩,但在一些信仰基督教的国家和民族中,黄色则被认为是卑劣可耻的犹大色彩;法国人之所以忌墨绿色,是因为墨绿色会使人想到纳粹军人的服色;埃及人常把蓝色看做恶魔,而将白底或黑底上的红色、绿色、橙色、浅蓝色和青绿色视为理想的色彩。如果说自然环境对人着装的影响是潜移默化的,那么社会环境对人穿着打扮的影响则是输导式的。人处于社会中,服饰搭配与环境的关系更多地表现为与社会环境的关系。社会政治、经济、文化的发展都是引起人们服饰形象变化的原动力。20世纪60年代资源匮乏,社会结构简单,服装以粗布、棉布为主,品种单一,色调单一,补丁衣服极为普遍;20世纪70年代社会稳定,但资源依旧匮乏,服装以棉布、化纤织物为主,布料色调单一,服装款式以中山装为主;20世纪80年代改革开放初期,人们刚从封闭走向开放,生活逐渐走向富裕,服装颜色渐趋丰富,款式开始新颖,西装大量出现,喇叭裤、牛仔服深受青年人欢迎,皮鞋、皮夹克及呢子大衣普遍,面料以化纤织物、毛料为主,真皮服装出现并逐渐增多(图5-2);20世纪90年代改革开放初见成效,物资极大丰富,服装款式新颖,色调齐全,纯棉、纯毛、真皮等高档面料普遍,但化纤服装仍然有很大市场,高档西服、休闲装、时尚服饰、牛仔服饰在市场上大量涌现;现在人们生活走向富裕,信息资讯和世界同步,服装款式新颖,样式独特,服饰具有个性化、自然化和环保化的特点。服饰发展的一步步历程无一不是社会环境因素在其中起着引导性的作用。从社会发展的角度来看,自然环境对人类服饰的影响不是一朝一夕可以见到成效的,要经过几十年甚至上百年的孕育,而社会环境引发的服饰上的变化却是迅速的,在信息急剧膨胀的现代社会,社会因素引发的流行甚至可能是在一夕之间席卷全球。

图 5-2 1983 年的上海街头

（一）个体服饰的环境背景

就个体服饰而言，服饰在很多时候是个人社会身份、涵养的表征，服饰的选择甚至必须考虑到个人的职业。例如，教师在社会中的定位是为人师表，教书育人，其工作时的服装选择就要以庄重为原则，嬉皮的风格俨然是不适合的；而当个人的身份发生转变时，在非工作的旅游休闲场所，服饰则不必受职业的限制，可以按照自己的喜好进行打扮。当然，服饰风格的确定最终还是要取决于具体的环境要求。

（二）群体服饰的环境背景

就群体服饰而言，当多个服饰形象同时出现的时候，单个的服饰形象只是整体中的一个微小的部分，群体服饰形象中的任何一个组成部分都必须为整体的表现服务，群体的形象也属于服饰社会环境的一部分——群体服饰中的个体互相映衬，互为背景。群体的服饰形象不同于单体的服饰形象，群体的服饰形象往往是在人的视觉可及的范围内同时进入，欣赏者不会关注每一个服饰形象的具体细节，更多的是感受服饰的群体形象。

（三）销售服饰的商业环境

服饰搭配时，还有一种特殊的社会环境不容忽视——商业销售环境。服饰搭配工作的从业者不仅是对个人或是某个群体进行服饰形象设计，服饰商品的卖场布置、出样，也需要服饰搭配。在卖场特殊的环境背景下，如何更好地表现服饰商品的特点，精心组合服饰单元，使构成的形象更为动人，以触动消费者，唤起消费者的购买欲望，是服饰搭配艺术重要内容之一。好的服饰商品搭配能够以一带三，使消费者根据展示的服饰形象产生连带的购买欲，在一个销售区域便能够找到可以相互搭配组合的多个服饰单品，推动多个服饰商品的销售。

（四）表演服饰的展示环境

时装表演是由时装模特在特定场所通过走台表演，展示时装的活动。时装表演按照其目的可以分为两大类：商业性时装表演和艺术文化性时装表演。前者主要以推销服装为目的，因此在表演时以迎合顾客的需求和愿望为出发点，在一定的时间内引导消费；后者除了含有商业性要求产生一定的经济效益外，还带有审美价值和艺术内涵。通过模特本身的气质和表演，显示服装的风格、特征、服装的流行趋势以及设计师的个性。

时装表演场所一般是精心设计的舞台。模特按照既定安排，以特定的步伐和节奏来回走动并做各种动作和造型以展示时装与饰品。由于时装表演时的灯光、布局等都与日常的生活有着很大的差异，因此如何妥善处理服装与环境之间的关系，凭借短短几分钟的表演，使设计师精心设计的服饰给观众留下深刻的印象，是一个深广的课题，它涉及光学、心理学等多方面的内容。

服饰形象的塑造与环境是密不可分的,只有树立了环境的观念,服装的整体性才能够得以完整的体现。无论服饰以什么样的形式出现,服饰搭配只有在一种恰如其分的气氛中,才能给人以信心,使人的形象更为完美。

第二节 社会环境背景下的服饰搭配

一、个体服饰与环境

(一)个体服饰形象与环境的辩证关系

"人—服饰—环境"三位一体,以一种完整的形式表现出来。服装与环境之间的关系是点与面的关系,就服饰形象与环境的融合而言,首要的即是人与服饰的融合,单体的服饰形象形成审美的点,而后才能够由点及面,产生服饰与环境、背景相融合的大和谐。如果没有单体服饰的美,又如何谈得上服饰与环境之间的融合之美。成功的个人服饰形象塑造是服饰搭配与环境融合的前提。

(二)服饰与环境的和谐关系

服饰与环境之间的和谐之美具有两重含义。

1.服饰本身搭配的整体是否和谐

个体服饰形象的构成,即由各个单件的服装、配件与人体之间的组合,只有作为一个完整的服饰形象出现的时候,服饰美才具有现实的意义,这样的艺术美才会感染观众,才能为生活带来愉悦的感受。本书主题"服饰搭配艺术"即强调的是服饰的组合形象,在一定规律的约束下将多个单件的服饰进行组合搭配,并使之与着装者形成不可分割的整体,这就是组合之美赋予服饰的魅力所在。需要强调的是,服饰搭配艺术强调的是服饰搭配效果的大和谐,而非仅局限于服装色彩、风格、纹饰、款式等方面的小和谐。服饰搭配应广开思路,打破常规,有时色彩的冲撞、风格的冲突却可以起到意想不到的视觉效果,只要能够给人带来愉悦感的服饰搭配,都是和谐的。

2.服饰与着装者、周围的环境因素之间是否和谐

同样的一套服饰,在什么地方穿,什么人穿,效果都是不一样的。所以服装设计师在设计时会提出一个"TOP"原则,即 Time,什么时候穿;Object,为什么而穿;Place,在什么地方穿。这就是充分考虑服装的穿着场所、地点以及人物因素之间的综合关系,以求达到和谐的视觉效果。

总之,和谐之美是服饰搭配的根本,没有和谐,更谈不上服饰的形象美。

个体服饰形象与环境因素之间的美学关系如下:

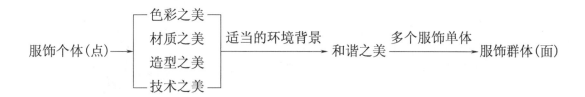

二、服饰群体形象的塑造

群体的服饰形象是两个以上的多人数组合。群体服装的种类很多,从两个人的情侣装,到几个人的家庭系列装,乃至成百成千甚至更多人的表演装、社团服、广告衫、职业服等都属于群体服饰的范畴。群体服饰的环境背景是人,由多个单体构成的群体服饰形象——面,取代服饰单体构成的点,成为人们视觉的焦点。群体的服饰环境背景具有特殊性,单体的服饰形象互为背景,且彼此之间又相互连接,构成更为完整的着装背景。注重群体服饰形象的构成,并不意味着忽视服饰单体,而应该在确保服饰形象整体性的前提下,注重每一个单体的服饰细节——多个优美的服饰单体才能够构成更为优美的服饰群体。

群体服装最典型的是制服,统一的着装能使着装者目标明确,行动统一,对提高工作效率、完善整体形象起到积极作用。行政执法部门的制服约束其成员秉公办事严于律己,服务行业的制服督促其职工不断提高服务质量,企业员工的制服显示了公司的实力和独特的企业文化背景。特殊企业的制服还具有劳保的功能,文化广告衫尽显完美创意,为企业的产品促销锦上添花,提高品牌知名度。

在构建个体服饰形象时,服饰搭配主要考虑的是如何更好地表现个人的方方面面,而当个人加以汇总形成团体的形象后,个人的形象被弱化了,突出的是聚集后所有人的服饰形象以及这些服饰形象背后的意蕴。群体服饰的搭配组合重点在于服饰的选择。依据群体服饰着装对象的不同,应分门别类加以区分。就群体服饰的典型代表——制服而言,其选择可从色彩、款式造型两方面予以考虑,其中色彩是重中之重。

(一) 色彩

选择群体服装所用色彩首先必须注意一些特定的群体服装的色彩、色调不能相互替代和混淆。例如,白色或浅淡色彩是医务人员服装的标志性用色,能给病人带来干净、舒缓的心理情境;军警服的色彩和色调,皆选用土、绿色系,因为这些色彩既具有保护作用,同时又给人以沉着、成熟、庄重感觉和威慑的力量;餐厅服务员的服装色彩,以红、白、浅蓝居多,红色能使顾客感到热情、亲切,白色、浅蓝色则显示出洁净、轻松的特点。

群体服装体现的是整体形象,因此单个制服形象的用色数量不宜过多,如图5-3所示为色彩单纯的收银员制服设计,当多个个体服装形象汇聚时,服装的重复与呼应更易形成整齐划一之感。

(二)款式

职业因素是制服选择的首要缘由,因此必须考虑款式的实用性,一些服装的细节设置不可忽略。如营业员在工作中经常需要为顾客开销售单,多喜欢将笔随身携带,一个小小的笔插设计将为他们带来很大便利;摄影记者因拍摄需要,往往会同时携带多种型号的滤光镜,因此专业摄影马甲上多个大大小小的贴袋是极为方便的。除满足职业所需,制服的款式应尽量简洁,不必要的细节设计、大量的装饰手段都应避免。

群体服的其他种类,情侣装和家庭系列装的组成人数较少,且重点强调人情感,其色彩、款式的选择无过多限制。至于广告衫、社团服等,带有明显的销售或是宣传的目的,款式可相对简单,重点突出某一个代表性的色彩或是标志,会更易吸引人们的注目。

三、销售服装的展示与搭配

销售服装的展示与搭配又称服装陈列艺术,它起源于欧洲商业及百货业早期,距今已有一百余年的历史。销售服装的展示与搭配是服饰搭配与环境关系中的特殊情况,即运用各种道具结合时尚文化及产品定位,利用各种展示技巧将产品的特性或活动主题表现出来,其主要目的是为了推动销售,是一种宣传手法,一种与顾客交流、沟通的方式。一般在

图5-3 收银员制服设计

展示时,服装并不由真人模特穿着,而是套穿在仿人体形态的模特架上,且相当一部分的服装采取的是吊挂或是平面展示的形式。销售服装的展示与搭配是服饰搭配艺术需要研究的重要课题之一。

销售服装的展示与搭配,重点内容是展示服装形象。通过对服装搭配的完整体现,能够更好地传达服饰商品的艺术风格、审美品位和流行趋势,使人看到服装形象的生动范例,以及在整体设计和细节处理上的匠心,从而引起顾客的关注。销售服装的展示与搭配涉及服装营销的相关知识,如店面的布置、橱窗的设计、展示架的应用、模特的选择、装饰物品、灯光照明等;多样的服装又要求多样的展示方式,如有的服装适合于立体的展示;有的服装适合于平面的表现;有的服装展示则以侧面为佳。由于人在观察物体的时候具有视觉的选择性,因此,色彩鲜明、形状独特、轮廓清晰、具有整体性和容易理解的形象,往往会吸引更多的注意力。前叙个体服饰搭配的要点同样适用于销售服饰的搭配与展示,尤其是在使用仿人体模架进行展示时,人体模架的服饰套穿方式首先要获得多数消费者认同,与之日常生活中的

服饰习惯产生共鸣,符合他们对于服饰美的衡量标准,继而才能够引发消费。

(一)服装陈列的形式

服装商品的展示与陈列通过各种诉诸美感的形式来呈现,如果没有好的展示方法或表现形式,不论服装本身的款式、色彩、质地如何美妙,还是很难形成美感,给消费者以美的视觉感受。陈列通过艺术的形式表现服装的美感,实现服装的价值。

在服装陈列中,形式倾向于某一风格的表现手法,目的是更好地体现服装的审美特性和实用价值。现代社会,服装的展示已成为消费者购物过程中的一种视觉享受,这就要求服装陈列师在进行服装展示时更注重美的形式,使服装美更为突出,以吸引顾客的眼光。

销售服装的展示搭配,关键在于突出"看点",以便形成"卖点"。服装的陈列搭配,通过情景氛围的营造,使顾客产生萌发模仿和尝试的心理需求,从而产生购买的欲望。特别是一部分属于冲动型和随机型购物的顾客,很容易受到展品和气氛的启发以及诱导,而决定购买自己感兴趣的商品。服装陈列的形式风格受到地区、生活习惯、审美文化等因素的影响;加上不同服装风格的个性化差异,因此,服装陈列时要在保持服装独立性的前提下,充分考虑形式美要素,通过对服装的巧妙布局,最大限度地展示服装的美感,吸引消费者,带动服装销售。

必须指出的是:销售服装展示与搭配的主体是服装,无论陈列的形式如何具有艺术性,形式的表达都是为了更好地体现服装美感,在形式与美感的相互协调中调动消费欲望,提高服装销售业绩,最终实现服装的实用价值与人文价值。

(二)销售服装搭配与展示的设计要素

服装销售的环境分为两部分:品牌销售区域的小环境和商场多个品牌云集的大环境。因品牌服装销售时,多数品牌之间会使用隔断做成相对独立的小空间,因此,服装销售的小环境设计布置更为重要。销售服装的搭配与展示应服务于营销,吸引顾客视线,营造品牌形象,具体应注意以下几点:

1. 诠释品牌风格、传播品牌文化

品牌服装的展示与搭配的首要任务是诠释品牌风格、传播品牌文化。现代社会,越来越多的人希望通过服装产品展现情感和个性。服装品牌通过特有的品牌风格和文化,将人们希望展现的情感与个性形象化,因此在陈列中推广品牌的风格与文化是这类服装陈列的重要任务,也是促进销售的有效手段。由于品牌风格、文化是一个相对抽象的概念,因此借助标示、广告、道具、灯光等与服装有机结合,营造出某种意境和氛围,通过对消费者思维的启发,引导联想,使品牌的风格在消费者心中趋于清晰,品牌的文化才更易于理解与接受。

服装品牌风格犹如人的个性,不同个性的人表达自己的方式是不同的。品牌风格是陈列设计考虑的第一要素,品牌风格不同,店铺陈列展示的形态和风格不同。品牌服装的陈列应与品牌的风格相吻合。

2. 营造展示环境、确定展示风格

国际著名设计师阿玛尼说："我要为顾客创造出一种激动人心而且出乎意料的体验,同时又在整体上维持一种清晰一致的识别,商场的每一个部分都在传达我的风格理念,我希望能在一个空间和一种氛围里展示我的设计,为顾客提供一种深刻的体验。品牌的传达不能光靠服装本身而是要靠一个系统。"可见,服装陈列不仅仅是把商品销售出去,还要使品牌深入人心。

营造展示环境是为了让服装在特定环境背景烘托下,更好地感染消费者,使之对所展示的服装产生好感,继而引起消费欲。

营造展示环境首先要确定与服装品牌相符的展示风格。首先,按照服装的不同种类来分,如男装可以划分为休闲装、正装两个基础类别,抛开品牌定位等更为细致的因素,仅此大类的区分,服装的陈列风格也全然不同:休闲装店铺的氛围显得更为轻松,往往选择一些气质活泼、富有动态的人体模型;正装店铺的氛围往往偏向庄重,常选用气质内敛的人体模型,更强调其价值感。其次,按照审美、时代、民族、艺术等不同标准细分,服装风格还可划分为中国风格、异域风格、优雅风格、休闲风格、简约风格、女性化风格、中性化风格等。按照服装风格的差异,从服装到配件的挑选,以至灯光、背景、甚至人物动态的选择,无一不是在风格的定位指导下进行的。

3. 店堂氛围布置

店堂的布置是服装销售环境的创造性活动,一些辅助性的材料能够为烘托品牌理念提供帮助。首先,服装的品牌标志与广告这些视觉形象应明确、醒目地表现出来,这是在服装商品销售的大环境中表现自我的一个重要手段。其次,根据服装风格营造相应氛围,如服装趋向于中国传统风格,则可以在店堂内适当地使用一些中式的屏风或隔断,既可作为试衣区与销售区之间的分隔,还可以起到装饰的作用;一些适合平面展示的服装则可放置于陈列架上;店堂墙面用色更可适当使用一些传统色调烘托品牌氛围。如展示的服装为运动风格,就可以使用一些运动道具、招贴来衬托品牌理念;店堂的总体色调应明快,可适当运用一些鲜亮的色彩作点缀,能取得不错的效果;如家居服装的销售,暖、粉色调的运用,布艺饰品的摆放,都可以营造出温馨、和谐的家庭氛围;至于休闲服装的展示,则更多地以自由的手法加以表现,以表达率性、自然的生活态度,如图 5-4 所示。

适当的音效背景也是店堂氛围布置的一个重要方面。背景音乐的选用,除了能够烘托展示的主体,还可以起到和谐一致的效果,使得周围不协调的部分不再引人注目。根据服装品牌风格的不同可选用不同的音乐,如中式风格可选用古筝一类传统乐器演奏的乐曲;运动休闲类服装不妨采用一些节奏感较强的乐曲或流行歌曲等。需要注意的是,除非是在节日促销或是销售的受众是年轻人时,服装卖场的背景音乐一般不宜采用过于强烈的音调。另外,音乐播放的时间以及音量、乐曲的组合等,也是值得注意的。

4. 适当运用品牌设计元素

品牌服装往往有属于自己的设计元素,锁定设计元素,陈列就易展现品牌风貌。如镶

图 5 - 4　休闲服装的展示

边、金属配件以及代表性的菱形格子是 CHANEL(夏奈尔)品牌具有代表性的经典设计元素,在其不同季的展示中反复出现。

5.典型服装的选择搭配

一些具有代表性的服装如能够被挑选出来,并搭配穿着在仿真人体模型上,会使消费者留下更加直观的印象。选择展示搭配的服装,一定要突出视觉的中心,有主次,首先安置主力商品,再安排辅助商品及附件商品,最后再安排促销品。服装类主力商品往往为当季新品或是本品牌比较经典的款式,这类商品往往利润较高且最具特色与卖点,应摆放在陈列的"黄金段",即适应顾客视觉扫描的高度和范围,按照人体工程学原理,认为高度为 70 ~ 180cm 是顾客最易看到和取物的区域。在满足视觉美感的前提下,服装的陈列还应便于销售及管理,让顾客购买方便,使导购员管理便捷。如在叠放陈列柜附近,设同类款的侧挂区;上装陈列区周围点缀陈列一些下装及可与上装搭配的饰品,既方便顾客试穿也便于店员管理,并可形成连带的销售。

6.不同种类服装的空间呼应

每个服装品牌往往都有多个不同种类的服装同时摆放销售,不同种类服装的空间布置其实就是品牌销售场所小环境的空间规划。

一般销售场所的服装摆放方式多分为三类：使用人体模型的正面展示、使用衣架悬挂排列的侧面展示，以及叠放展示，不同展示方式的服装相对形成较为集中的区域，便于消费者翻看。一个重要的原则是，能够搭配在一起的单品服装，如果不能组合展示的话，放置的位置也不要相差太远，而应该尽可能地放在相近的位置上，以便相互带动销售。

(三) 橱窗的布局安排

橱窗对于服装的销售来讲非常重要，它连接了销售区域内部的小环境与商场品牌云集的大环境，更多时候橱窗直接与街道相对，精彩的橱窗布置可以在短短几秒钟内吸引行人的脚步，说服消费者进店光顾。橱窗是构成店铺展示区域的重要部分，是销售服饰环境设计的特例。橱窗作为品牌的窗口，其无声的导购语言、含蓄的导购方式，也是店铺中的其他营销手段无法替代的。下面就简单谈一下服装类橱窗设计的基本要则：

1. 橱窗的基本形式

橱窗有开放式、封闭式和半封闭式三种基本形式。不同的品牌风格和定位采用的橱窗形式也不同。开放式的橱窗在橱窗和卖场之间没有隔断，顾客可以通过橱窗清晰地看到商场的全貌，这样的布局可以增加店铺的亲和力：如真维斯、美特斯邦威等大众化品牌，都是以优良的品质及平价来吸引消费者，开放式的橱窗具有强烈的现场感召力，恰好迎合了品牌的风格理念，所以无论是在其专卖店或是购物中心的专卖点，都是采用富有感召力的开放式橱窗；封闭式橱窗与店铺完全分离，形成一个相对独立的空间，无法通过橱窗看到店铺的全貌。封闭式橱窗是从舞台戏剧布景传承而来，是最传统的橱窗结构方式，也是营造氛围的有力方式；封闭式的橱窗犹如话剧的舞台，通过话剧情景式的背景、道具、模特的组合，很好地展现出品牌所代表的生活理念与方式，像 DIOR（迪奥）、CHANEL 这些国际一线品牌，大都采用的是封闭式橱窗；半封闭橱窗结合了封闭式橱窗及开放式橱窗的特点，既方便营造橱窗氛围，又具有开放式橱窗的亲和力，是一种适用面较广的橱窗陈列形式，上至 KENZO（高田贤三）下至普通的大众品牌都可以使用。

2. 橱窗的基本任务

橱窗设计是商场乃至街道大环境的基本组成部分。醒目、独特，是橱窗在喧闹大环境中突出的有效手段。橱窗设计是橱窗内部小环境的营造，它依靠奇妙的构思、时尚的元素和动人的色彩，比电视媒体和平面媒体具有更强的说服力和真实感。在各类服饰品牌云集的商场，与众不同的橱窗陈列会使该品牌脱颖而出，显示其独特性，在一瞬间抓住顾客的注意力；在纷扰的街道，各色品牌店面紧密相接，令人眼花缭乱，如何抓住行色匆匆路人的视线，是橱窗的任务所在。

3. 服装的布局设计

一般而言，橱窗所面对的环境背景较为嘈杂，如果橱窗中的服饰以比较整体的面貌出现，则服饰之间的一体感会显得分外突出，更易达到宣传品牌的效应。

系列服装的设计风格、色彩比较协调，内容比较简洁，因此比较适用于橱窗的出样布置。

为了使橱窗的整体效果更为丰富,还应从系列服装的长短、大小、色彩上进行一定调整,大致手法可以从以下几方面进行。

(1)"一"字式排列:相同或是系列的服装以"一"字形的方式组合,在视觉上有一定的延伸感以及视觉冲击力,但是也容易带来单调之感。图5-5为夏奈尔2014春夏系列服装展示,人体模型的等距排列,服装色彩的明、暗跳跃、视觉效果整体而生动。

图5-5　"一"字式的橱窗布置

(2)追求优美和谐节奏感的排列:节奏感也是橱窗布置能够在纷杂的环境背景中突显的有效手段。节奏在音乐中是指音乐的音色、节拍的长短、高低、缓急按照一定的规律出现,产生的不同的节奏。节奏感可以表现在人模之间的间距、排列方式、服装色彩的深浅和面积的变化,上下位置的穿插,以及橱窗里线条的方向等多个方面。如图5-6所示,布景面料的穿插,带来了悠扬的节奏感。

(3)追求奇异视觉感的排列。追求奇异的视觉感,就是以出乎常规的排列组合达到出人意料的视觉冲击效果,突出品牌形象。在熙熙攘攘的商场或是街道,不计其数的品牌橱窗会不断地跃入消费者的眼帘,橱窗的设计不够突出就很难让人留下深刻的印象。

图5-6　具有节奏感的橱窗布置

数量上的视觉冲击力,如一些物品的反复重复,或一些反常规的东西的并置等,是追求奇异视觉感的排列常使用的手法。另外,在场景的整体设计上,背景的处理、服装风格主题的表达,都是不能忽视的重要内容。图5-7是意大利品牌 Moschino(莫斯奇诺)的橱窗设计,鳄鱼吞噬人体的触目惊心反复出现,丝袜的商品形象跃然而入人们的视线。

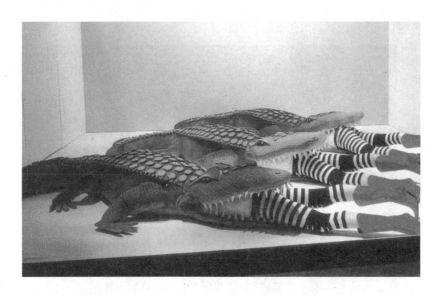

图5-7　意大利品牌 Moschino 的橱窗展示

4.色彩与灯光的规划

色彩与灯光能够辅助服饰出样,加强橱窗的整体感。橱窗布置的目的是为了吸引顾客的眼光,以促进和扩大销售,因而色彩的规划非常重要。橱窗的色彩由服装商品的色彩及商品之间的色彩互映、背景与道具的色彩衬托以及灯光的色彩所组成。

在设计橱窗时,首先要针对橱窗的内容、性质、服装的特点,确定一个总体色调,以引领全局,其他的色彩则围绕这个色调而进行。色彩的组合关系是橱窗设计需考虑的重要问题,橱窗中的色彩是由商品之间、商品与道具之间以及商品与背景的色彩差别所决定的。这些差别的组合和对照关系的处理,是获得良好色彩效果的关键。

橱窗的灯光可以统分为冷、暖两类。例如,白炽灯为暖光,而荧光灯为冷光。暖光可使暖色系产品更为柔和;冷光可使白色和冷色调的商品更加具有个性。利用不同的灯具,经由人为的调节,可以营造不同的气氛,使之显得清凉或温暖。图5-8为暖光照射下的奥地利橱窗,建筑、灯光乃至服装的背景用色都为暖色调所环绕,多个橱窗的形象连为一体,无疑是醒目而和谐的。就服装商品而言,橱窗的灯光色调还要受到商品季节性的影响,如展示冬季服装,橱窗的色调乃至灯光可采用暖色调,给人以温暖之感;反之如果展示的为夏季服装,橱窗色调及灯光以冷色为宜,给人以凉爽、清新之感。

当陈列的服饰包括了冷暖色的多种色调时,橱窗的背景可考虑采用中间色系,或是冷灰色调的颜色,有助于使人的视线在一个整体的效果下,从一件商品移至另一商品,起到衬托

图 5 - 8　暖光照射下的奥地利橱窗

多种色彩多种商品的作用。陈列商品时的用光,一般以带有暖色感的照射效果为好,另外微带淡青色的光照射效果也不错。

　　服饰是橱窗的主体,橱窗的设计是内部销售小环境与外部商业大环境交流的桥梁。橱窗的设计要能对人们的视线起到引导的作用,充分调动消费者的购买欲望,同时,传递的主题应和店铺进行的销售活动相呼应。体现完整,效果突出是橱窗陈列的根本任务。

四、表演服装的展示与搭配

　　服装表演是服饰与环境关系极为特殊的一个范例,在特定空间的小范围内,由一连串真人模特穿着服装在台上行走或是舞蹈,模特也可以单独或结伴走下长台,与观众进行互动交流,展示最新的流行色、面料和流行款式。表演服装所处的环境由两大部分组成:时空关系,包括表演的时间、地点、背景、灯光、音乐的布置安排;人员关系,即表演观看者的接受程度。服装表演的时空关系与日常生活有很大的差别,如何调动台下观众的积极性,引发他们对服装的兴趣,是表演性服装展示与搭配研究的课题。

　　观众是表演服装的受众,观众对服装的接受程度,观看反响又直接影响着台上的表演,服饰展示与环境之间的这种亲密的交互关系,是其他服饰搭配案例中所罕见的。

　　服装表演的性质会因形式和目的的不同而有很大的差别,常见走台表演时间大约是30~60分钟,在专业人员的组织计划下,所有富有戏剧性的创新要素和现代的媒体手段都能够用于服装表演。服装表演中所展示的服装、鞋帽以及饰品等,根据表演受众的特点而进行选择。服装表演的目的有多种,多数的服装表演目的是为了销售。

(一)服装安排的基本原则

1.服装选择原则

商业性表演的观众对新鲜、时尚有异乎寻常的热情,他们可能是服装直接的消费者,也有可能是服装的分销商,因此,服装必须符合潜在顾客的年龄、性别、收入、生活方式等。某些非应季的服装可以体现品牌产品的纵深度,不一定展示整个展品线,但是一些热销的款式可以来回多展示几次,以调动观众热情,刺激服装表演后的销售。

2. 套系分类原则

一般一场服装表演中,服装大致分成 6~8 个套系,服装总体分成两类:观众可以穿,可以定购的;试验性或是昂贵的样品,观众不能购买,但是可以欣赏并在表演后试穿;前者在总体服装数量上占大约 75% 的分量,后者在总体服装数量上占大约 25% 的分量,这样的比例使观众确信生产厂商了解他们的需求。在总体把握服装数量的前提下,在一些细节上的控制也对表演的成功与否起着至关重要的作用。

(二)款式的选择与分组

服装表演主题的确定可以使观众对表演的服装有更深入的了解,增加观众与表演者之间的互动性。在这个主题之下,可以安排多少个创意,并列出每个创意中所需服装的外观、风格以及数量,这个数量可能会是实际表演需要的一倍以上,以便进行筛选。表演时每一分钟最少需要一套服装,有的表演则每 30 秒换一套服装。一场 45 分钟的表演最少需要 45 套服装,最多则可以达到 90 套。流行的配饰也是观众感兴趣的内容,是一个相当重要的流行趋势,也应列入表演的计划。

在表演刚开始时,观众怀着极大的热情与期待,因此第一组服装应该具有强烈的时尚感,充分调动观众的积极性,使他们将更多注意力集中观看表演。而后,表演可以逐渐进入平稳阶段,在中间的表演环节,观众可能会开始分散注意力,因此,适当安排一些流行的款式,可以使观众的注意力集中于表演。最后一组应同样使观众对这场服装表演具有积极的态度,并热切希望尝试表演中所看到的各类时尚的服饰。整场表演都应营造一种令人兴奋的气氛。

多数表演性服装目的在于销售,在表演中向观众传达服饰搭配的信息是调动观众积极性的有效方式。服饰的安排要使观众知道同一系列但不穿在一个模特身上的服装是可以搭配在一起的。风格相似的服装可以安排在相近的时间,观众易于明确,哪些服装单品可以套穿在一起。

(三)色彩的选择与排序

在舞台特殊的环境下,服装的面料、色彩的选择都可以不同于日常生活装。带有一定金属光泽的面料、绚丽的色彩,都可以充分调动台下观众的视觉兴奋感,强化现场的热烈气氛,使观众更易受到表演的感染,从而使舞台的效果更加生动。表演的时间、地点、背景、灯光、音乐等因素,综合成表演服装特殊的时空环境。它们是配合服饰展现魅力、感染观众的组成部分。从某种程度上说,缺少了时空环境的衬托,服饰表演的展示魅力将大打折扣。在安排表演性服装的展示时,色彩的选配有以下几个注意点:

1. 色彩的搭配必须考虑舞台灯光的演色作用

灯光的演色作用是指在彩色灯光的照映下，一些色彩会产生色相的偏移，改变原有的色彩配搭效果。同一个色彩在有的光源照射下，色彩的鲜艳度会增加，而在有的光源照射下，色彩的明度、鲜艳程度会减弱。色彩在彩色灯光下的变化即色彩的叠加：如在红色灯光的照映下，红色会显得更加鲜艳，而鹅黄色会演变为橘黄色；在黄色灯光的映照下，绿色演变为鲜艳的黄绿色，而蓝色则产生绿色的色彩偏移。

服装表演时，如果组合的两色其色彩明度或是色相过于接近，彩色灯光的作用易产生视觉的同化作用。以白色与浅淡色彩的搭配为例，在日光的照射下，浅淡色的固有色调与白色有明显的差别，但如果同置于舞台的灯光下，灯光的色彩会同时叠加在两者之上，就很难看出其中的差别了。因此，一般舞台服装的用色要比日常装用色更加鲜艳，就是这个道理。

2. 色彩的空间混合效果

用于表演的服装，首先应考虑色彩搭配的整体效果，而不必过多拘泥于小的色彩细节。服装色彩与环境色彩的协调是一个瞬间的整体印象，远远望去，服装色彩的具体细节很容易被忽略，所谓"远观色"，就是指整体服装色彩的大效果和总印象；由于存在一定的空间距离，服装色彩细枝末节很易被忽略，构成了色彩的空间混合效果。图5-9所示服装，较小的花型在一定距离观察时，花型的细节很难给人留下深刻的印象，取而代之的是花型的不同色彩混杂所产生的总体效果。只有随着空间距离的缩小，视线及注意点才会集中到服装更小的局部上来，人们的审美兴趣将聚焦于"花"上，所谓"近观花"。这种"花"，不仅是指花色面料中的花型与色彩，同时也包括着色彩设计的局部组合，特别是人们的视觉焦点，然后才是其他部位。另外，大面积的纯色面料与具有空间混合效果的面料组合，效果较为整体。

图5-9　具有空间混合效果的服装色彩运用

服装色彩视觉生理机能的生成，是不断地由远及近，由色及花，由主到次地不断接近，直至特写的过程。在观看服饰表演时，观众与表演者之间的距离由远及近，不断推移，先给观众留下一个大色块的基本印象，而后当表演者与观众距离逐渐缩短时，再不断强化色彩的细节,要尽量使观众的注意力始终处于一个比较兴奋的状态。

3.色彩的组合与穿插

表演服装的选择与安排是一个非常复杂的过程,表演用服装必须要能够吸引这场表演的目标观众,所有的服装都应该具有强烈的视觉冲击力和时尚感。很多人都参与进来,包括服装表演团队中的成员和服装的提供者,不能够小看服装选择的责任,服装的选择与排序往往是一场表演成功与否的关键。

为了整台服装的表演能够获得比较整体的效果,一般在安排服装顺序时会考虑以色彩的类别来划分,如无彩色系、暖色系、冷色系等。色彩的节奏穿插,可以有一个由鲜亮到偏灰再到鲜亮的过程。例如,在刚开场时,首套的服装色彩可以安排得鲜亮一些,这样可吸引观众的注意力,为后面的表演打下基础;而后服装进入平稳正常的表演程序,这时的服装色彩按照具体情况自由安排,一些色彩略灰暗的服装可以安排在这个时段;当表演进行到中后场时,观众们的注意力开始分散,这时再穿插一些具有刺激度和新鲜感的色彩,对于活跃台上台下的气氛可以起到很好的作用;最后是整场表演的压台戏部分,色彩的安排要力求能调动全场的气氛,形成另一个气氛的高潮,与开场时形成呼应。总之,从整台服装来看,色彩的安排要具有整体感,尽量不要给人以零碎混乱的印象。

针对特定设计主题的服装,色彩的组合除了应突出该主题的主色调外,可以适当地穿插一些流行色,以期取得精彩的舞台效果。流行色一般可以放在表演中场的时间段,有助于调动场内气氛。

小结

本章节介绍了服饰搭配与环境要素之间的关系,并由个体至群体、由点及面地阐述了个体和群体服饰形象塑造的基本手段。按照自然环境与社会环境的划分,对于人类服饰搭配影响较大的应属社会环境,文中重点就社会环境中两个特殊的情况——销售服饰的展示搭配以及表演服饰的展示搭配,论述了主要的搭配方法与注意事项。

思考题

1.试述环境对于服饰搭配的影响。

2.就单体而言,服饰的搭配有哪些需要注意的方面?

3.结合本章知识进行市场调研,分析某一品牌服装的商场展示及出样情况,并谈谈自己的观点。

4.表演服装的展示与搭配应从哪几个方面着手?

实践题

组织学生策划并完成一项服饰静态或动态展示活动,各学院可根据自身的实际情况加以调整。

实践与应用——

服饰的搭配与风格

课程名称:服饰的搭配与风格

课程内容:服装风格概述

服装品牌与风格

服装品牌风格与服饰搭配艺术

课题时间:8 课时

训练目的:要求学生对服装的风格特征产生一定了解,并能结合实际将多款服装进行风格划分。

教学要求:1. 理论讲解。

2. 实践调研,分析几个不同品牌服饰的风格特征。

课前准备:预习本章节,并将前期市场调研收集的服饰资料加以汇总。

第六章 服饰的搭配与风格

第一节 服装风格概述

一、服装风格定义

"风格"一词来自罗马人用针或笔在蜡版上刻字,最初含义与有特色的写作方式有关,以后,其含义被大大扩充,并被用于各个领域。服装艺术作为视觉艺术的一个种类,它具有独特的外在视觉形式以及丰富的设计内涵,其内容与形式的统一,构成了服饰搭配艺术的独特风貌。所谓服装风格是指一个时代、一个民族、一个流派或一个人的服装在形式和内容方面所显示出来的价值取向、内在品格和艺术特色。服装风格,是构成服饰形象的所有要素形成统一的、充满魅力的外观效果,具有一种鲜明的倾向性。风格能在瞬间传达出设计的总体特征,具有强烈的感染力,达到见物生情,产生精神上的共鸣。服装风格能够表现设计师独特的创作思维以及艺术修养,也反映了鲜明的时代特色。

服装风格意味着服装具有与众不同的特点,如果说什么事物没有风格,也就意味着它毫无特点,而且无法辨认。唐代的服装无论是色彩还是服装的款式都具有雍容华贵的风范,与明代服装的儒雅严谨特色迥然不同;法国服装往往具有浪漫主义的色彩,与日本服装严谨的特点相异;同样的,夏奈尔品牌与迪奥品牌的服装也具有全然不同的特点,说明它们各具特色。

二、服装风格分类及特点

风格是某一类服装与另一类服装区别的标签,不同的文化背景造就了不同特点的服装。但无论服装的风格如何划分,所有风格的服装都具有一个共同性的特点,即任何一个风格的服装都会带有明显的时代烙印。从单纯的某一个服装风格来分析,它可能会带有独特性,但是它总是带有与同时期的政治、经济、文化相通的内涵,并构成一种区别于另一历史时期的集体风格。

风格是一种分类的手段,人们通常依靠风格判断艺术作品的类别和来源地。

服装的风格划分方法很多,不同的风格分类具有不同的时尚特点,见下表。

服装风格的分类方法与常见风格

分 类 方 法	常 见 风 格
地域特征	土耳其风格、地中海风格、西班牙风格
时代特征	帝政风格、中世纪风格、爱德华时期风格

续表

分类方法	常见风格
文化体特征	嬉皮风格、朋克风格、常春藤合会风格
人名命名	蓬巴杜夫人风格、夏奈尔风格
特定造型	克里诺林风格、巴瑟尔风格
体现人的气质、风度、地位	骑士风格、纨绔子弟风格
艺术流派特征	视幻艺术风格、解构风格
性　别	男性化风格、中性化风格、女性化风格
民　族	中式风格、日式风格、韩式风格

（一）帝政风格

帝政风格源自 19 世纪拿破仑一世时期,帝政风格服装是新古典主义的典型映射。女装塑造出类似拉长的古典雕塑的理想形象。以及提至乳下的高腰设计为特点,面料轻薄柔软,色彩素雅。线形具有明显转折的袒领、短袖,裙长及地,裙装自然下垂形成了丰富的垂褶,对于人体感的强调与古希腊服装非常相似。裙以单层为主,后又出现采用不同衣料、不同颜色的装饰性强的双重裙,露出内裙。男装也以简洁和整肃为特点。图 6 - 1 即为具有帝政风貌的裙装设计,高提的裙腰拉长了人体下肢的视觉比例。

图 6 - 1　高提的裙腰具有帝政风貌

（二）朋克风格

朋克文化诞生于 20 世纪 70 年代初期经济萧条时期,大量工人失业的英国。社会的现状使青少年对现实产生了强烈不满甚至绝望的心情。他们愤怒地抨击社会的各个方面,并通过一种狂放宣泄的行为表达了他们的思想。这种情绪和思潮在文化艺术中得到体现。朋克文化的拥护者们在生活的各个层面表现他们的反叛以及对于现实生活的不满:男人们梳起鸡冠头,女人则把头发统剃光,露出青色的头皮;穿上磨出窟窿、画满骷髅和美女的牛仔装;鼻子上穿洞挂环;身上涂满靛蓝的荧光粉,似乎非得让人对他们侧目而视才满意。如图 6 - 2 所示,即具有代表性的朋克发型。朋克服装风格的代表是 Vivienne Westwood(维维安·韦斯特伍德),她因而也被称为"朋克之母"。她在伦敦开设了第一家专门出售朋克装束的小店,使朋克风格成为继嬉皮之后的又一青年运动,也使伦敦的国王路成为世界著名的朋克风景线。她以"朋克"为调色板,创造出为现代某些青年喜爱的服饰。叛逆是朋克服装的重要特征,维维安·韦斯特伍德将地下和街头时尚变成大众流行风潮,为时装界作出了不可磨灭的贡献。朋克风格对于年轻人的影响是显而易见的,现代的一些时尚的年轻人染发、画着各式各样的烟熏妆、文身、做着各种头型(如贝克汉姆般的莫希干头),或穿几个甚至一排耳洞,戴上金属小环,手腕上套着粗粗细细的金属手镯、骷髅等各种怪模怪样的戒指,脖子上围着金属项圈……其实这些都是朋克文化的一部分,还有的自己在服装上缝坠一些饰物,对服装进行再加工,这也是受到朋克DIY主张的影响。

图6-2 朋克发型

(三)浪漫主义风格

浪漫主义风格源于19世纪的欧洲及北美,发达的交通,使人们生活的空间扩宽,人文主义思潮令哲学、音乐、绘画都空前活跃与革新。工业革命带来的新生活方式使服装有了很大的改变。在这样的背景下,田园牧歌式的美景追求成为新兴的知识阶层的梦想,时装也展现了这种梦想。这一时期的时装修长、流畅,装饰优雅、清丽。在服装史上,1825～1845年被认为是典型的浪漫主义时期。服装的特点是细腰丰臀,大而多装饰的帽饰,注重整体线条的动感表现,使服装能随着人体的摆动而显现出轻快飘逸之感。1997年,在国际的时尚舞台上,设计师们纷纷推出了浪漫主义风格的服装,Alexander McQueen(亚历山大·麦昆)创造性地将生态学、原始世界和未来世界相混合,以天马行空式的款式、别出心裁的剪裁、温文尔雅的曲线,创作出一件摇曳多姿的艺术品,极富有野性的魅力。1997年的国际流行舞台上,随着西方简约和冷漠设计形式的淡出,继之而起的是充满装饰意趣和神秘魅力的东方风格。如印度、中国、吉卜赛等风格,异彩纷呈,一片金碧辉煌,人们在其服饰的繁花似锦的装饰图案,在缤纷色彩的跃动下,在柔美轻盈的面料里,尽显浪漫主义情怀,如图6-3所示。

(四)解构主义风格

解构主义作为一种设计风格的探索兴起于20世纪80年代,它的哲学渊源可以追溯到1967年:当时一位哲学家德里达基于对语言学中的结构主义的批判,提出了"解构主义"的理论。解构主义理论核心是对于结构本身的反感,认为符号本身已能够反映真实,对于单独个体的研究比对于整体结构的研究更重要。换句话说,解构主义就是打破现有的单元化的秩序。这秩序并不仅仅指社会秩序,除了包括既有的社会道德秩序、婚姻秩序、伦理道德规范之外,还包括个人意识上的秩序,比如创作习惯、接受习惯、思维习惯和人的内心较抽

图6-3　具有浪漫主义风格的设计　　　　　　图6-4　三宅一生作品

象的文化底蕴积淀形成的无意识的民族性格。反正是打破秩序然后再创造更为合理的秩序。从字面上理解，解构一词"解"字意为"解开、分解、拆卸"；"构"字则为"结构、构成"之意。两个字合在一起引申为"解开之后再构成"。

　　服装上的解构在东方以三宅一生和川久保玲为代表。被誉为"面料魔术师"的三宅一生，倡导以无结构设计模式，取代西方传统的紧身型结构主义设计风格，提出了"给我褶裥"的口号。1992年三宅一生推出的褶皱系列，结构简单、造型流畅，被许多不同年龄和气质的女性所采纳。这种布满细小而整齐紧密的褶皱面料被设计成变化多端的衣裙，它们既贴体又无束缚感。三宅一生借鉴立体裁剪的方法，运用东方平面构成的观念，在服装设计中运用前开包裹型、挂覆型、贯头型等包裹缠绕的直裁技术。在对服饰造型手法的运用上，一反过去西式服装通过各种精致、准确的省裥、衬垫工艺实现的充分合体的造型方式。摆脱了传统的按人体造型结构进行立体裁剪的造型模式，以独到的逆向思维进行创意。掰开、揉碎、再组合，形成奇突的无结构设计模式，开创了基于东方传统制衣技术模式的解构主义设计（图6-4）。"体形造就服装，服装改变体形"是川久保玲重新为服装视觉空间下的定义。川久保玲打破了时装界的一贯模式：在制作服装时，像制作日本和服那样，不把多余的布料剪去，而让其随意留着，使衣服呈现出宽松肥大的效果。在细节处理上，她使用颠倒错乱的口袋，不强调肩线的手法,并且注重层层相叠的多层次组合,织料与颜色撷取上的微幅夸大,围裹、抽折等细部处理技巧,来体现不平衡感和下坠感,布料呈现出仿佛被撕开般的怪异,开拓了服装的新面貌。

不同的文化背景造就了不同风格的服装。风格是一类服装与另一类服装区别的标签。但无论服装的风格如何划分,所有风格的服装都具有一个共同性的特点:即任何一个风格的服装都会带有明显的时代烙印。从单纯的某一个服装风格来分析,它可能会带有独特性,但是它总是带有与同时期的政治、经济、文化相通的内涵,并构成一种区别于另一历史时期的集体风格。服装发展史表明,具有不同创作个性的艺术家几乎不可能超越他们所生活的时代影响,他们的审美判断大多数情况下脱胎于其所处时代社会物质生活条件所产生的占主导地位的审美需要和审美思想,每个时代设计师的作品,无不带上那个时代的深深烙印。

三、各具地域文化特征的现代服装

如前所述,服装设计师、服装品牌的风格具有相对性的特点,总是不可能脱离一定的时代背景,总是和设计师、品牌所处的历史环境不可分割。要了解一个服装品牌或是服装设计师的风格特征,就要深入了解其所处的文化背景的总体风格,才能够对其做出正确的评价。夏奈尔也好,三宅一生也罢,他们的设计作品更可以以其所处的国家、其所受到的文化熏陶来进行划分。

就现代时尚而言,全球最负盛名的四大时装之都有三个都在欧洲,可见欧洲时装在时尚界的地位无与伦比。欧洲时装又以法国、意大利和英国为主流,代表着三种截然不同的风格流派:法国时装轻松浪漫,意大利时装讲究艺术性,英国时装则经典与传统,各有各的风格。每年,巴黎、伦敦、米兰和纽约都会各自举行时装周,而这几个城市也理所当然地成为世界时尚发布的四大中心。其中,巴黎被称作"中心的中心",其时尚地位之高可见一斑。因此,法国时装一直以来都是人们首先关注的时尚焦点。

(一)轻松浪漫的法国时装

法国巴黎是世人公认的的"时装圣地",这是一个优雅与时尚相结合的浪漫都市,是引领时尚潮流的地方,巴黎洋溢着浓郁的时尚气息,其高级定制女装在世界上独一无二,其设计、结构、工艺、面料和装饰附件代表着时装设计和制作的最高境界。巴黎的时装永远充满着源源不断的艺术创意,充满俄国情调的华丽皮草、吉卜赛的复古嬉皮、日本的折纸文化,包罗万象又独具风格,爆发出惊人的力量,驰骋四面八方。法国人将骨子里的浪漫性格注入了对时装的理解中,给人一种轻松浪漫的总体印象,轻松随意而又充满风格化的诠释,将法国时装设计得有声有色。法国时装的浪漫有许多具体的表现形式,如法国时装不被传统所束缚,非常讲究新鲜创意,时常创造性地采用各种色彩和款式的华丽面料,展现设计师天马行空的创意(图6-5),近两年非常流行的混搭风格就源自法国。此外,法国时装亦非常讲究贴身的剪裁,擅长将时装的设计感与穿着的舒适性很好地结合起来,很受各国设计师的推崇。法国的服装品牌各具特色：Louis Vuitton（路易·威登）传奇、经典、高贵；Valentino（华伦天奴）富丽华贵；Celine（赛琳）高贵典雅；A. F. Vandervorst（凡德沃斯特）品牌的风格前卫而不失浪漫，优雅不失性感，与时尚节拍相呼应；Chanel（夏奈尔）时装高雅、简洁……

（二）具有艺术性的意大利时装

意大利的时装以注重艺术性、讲究细节而闻名。深厚的文艺传统造就了意大利时装的艺术感。相对于追求奢华的巴黎时装，意大利的时装设计更具可穿性。如著名意大利服装品牌 Versace（范思哲），它的设计风格鲜明，是独特的美感极强的先锋艺术的象征。其中魅力独具的是那些展示充满文艺复兴时期特色的华丽的具有丰富想象力的款式。这些款式性感漂亮，女性味十足，色彩鲜艳，既有歌剧式的超现实的华丽，又能充分考虑穿着舒适性及恰当地显示体型。Versace 以金属物品及闪光物装饰的女裤、皮革女装创造了一种介于女斗士与女妖之间的女性形象。图 6－6 是 Versace 的晚装，图 6－6（a）服装以细碎的褶皱增加了服装的色彩层次，表现了意大利时装精湛的驾驭色彩之美的能力，带着艺术家精益求精的特色；图 6－6（b）服装金色与黑色形成了鲜明的对比，凸显了高贵之感，半透明衣身上精巧的细节设计是服装上一大突出的亮点。著名服装品牌 Gucci（古驰），时尚之余不失高雅，这个意大利牌子的服饰一直以简单设计为主，剪裁新颖，成为典雅和奢华的象征，弥漫着十八世

(a)　　　(b)

图 6－5　浪漫的法国时装　　　　　　图 6－6　具有艺术性的意大利时装

纪威尼斯风情,再融入牛仔、太空和摇滚巨星的色彩,让豪迈中带点不羁,散发无穷魅力。其他服装品牌再如 Prada(普拉达),注重体现现代美学的极致,将不同材质、肌理的面料统一在自然的色彩中,是时尚潮流的完美体现;Fendi(芬迪)则以创新的设计震撼时装界。讲究细节是意大利时装的一大特色,意大利晚装上常请工艺精湛的人员用手工做出各式精美的刺绣,并镶嵌大量的珠片、水钻、亮钉等各种材质,在细节上倾尽了设计师与制作人员的众多心血。

(三)经典与传统的英国时装

英国时装带有浓浓的传统经典、复古怀旧风情,格子是英国时装上常可见到的元素。英国时装对于传统经典的图案与款式有着固执的喜好,即使许多品牌历经沉浮,几度更换设计师,却依然保持着多年前的传统。虽然英国的知名时装品牌很少有太大的风格变化,颜色也并不鲜艳,但这对喜爱它们的人却是一个好消息,因为经典的时装是永远不会过时的。不仅如此,有着苏格兰风格的格子图案是英国时装的经典样式。如图6-7所示,外套深蓝与白色相间的格子是英式服装的代表性图案,如今英国时装的格子图案也成为高品质、耐用的标志性图案,闻名世界。英国时装的代表品牌是 Aquascutum(雅格狮丹)。由蓝色、棕色、白色构成的经典 Aquascutum 小格子让人过目难忘,如今,Aquascutum 一成不变的小格子形象已经深入人心,在世界各国拥有了许多忠实的消费者。

图6-7 经典的英国时装

(四)简约优雅的美国时装

现代、极简、休闲又不失优雅的气息是很多美国服装品牌所崇尚的设计哲学。纽约的时装风格似乎更多地体现了美国这片新大陆快速的生活节奏和开放不羁的生活方式,将休闲风格和简约主义发挥到极致。作为著名的时尚发源地,美国不乏著名的服装品牌:Anna Sui(安娜·苏)注重细节,喜欢装饰,大胆嬉皮,富有摇滚乐派的叛逆与颓废气质。又时髦甜美,强烈的色彩对比和丰富的搭配经常出人意料但又有奇异的和谐;Diane von Furstenberg(黛安·冯芙丝汀宝)是一个有着传奇色彩的美国品牌,设计风格古典精致,款式玲珑乖巧,颇具淑女风范,处处都透出可人的细节。它凭借精致贴体的裁剪技艺,展现完美的女性身材;Calvin Klein(卡尔文·克莱恩)是美国第一大设计师品牌,曾经连续四度获得知名的服装奖项,Calvin Klein 一直坚守完美主义,每一件 Calvin Klein 时装都显得非常完美,体现了十足的纽约生活方式,Calvin Klein 的服装成为了新一代职业妇女品牌选择中的最爱；Ralph Lauren(拉夫·劳伦)有着一股浓浓的美国气息，款式高度风格化是拉夫·劳伦名下的两个著名品牌"拉夫·劳伦女装"和"马球男装"的共同特点，拉夫·劳伦时装是一种融合幻想、浪漫、创新和古典的灵感呈现，所有的设计细节架构在一种不被时间淘汰的价值观上。

总之，每一种风格实际包含着多层次的内涵。从宏观方面把握，时代风格、民族风格是概括的、全局性的，而个人风格、款式风格则是微观的，后者总是从属于前者；反过来，时代的和民族的风格也只能表现在具有款式和具有个人特点的服装上。总之，特定的服装风格，必定同时兼备多个方面或层次。

第二节　服装品牌与风格

一、设计师与服装品牌风格塑造

一个成功的服装品牌必然具有自己独特的服装风格，从某种意义上说，风格是服装品牌生存的基本要素。以大家比较熟悉的国内品牌淑女屋为例，该品牌风格定位为少女装、淑女装，服装色彩多为粉色等具有温馨感的色调，在服装细节上大量运用绣花、印花、花边等装饰，在市场销售上获得了不俗的业绩。而品牌 M2 则定位于成熟女性，其主体色彩常为黑、白色，同样获得了消费者的认可。

服装品牌的风格与该品牌设计师的风格紧密相关。稳定性、一贯性是设计师风格被人们认识的条件。一位设计师出道几年，发布了几场作品，就宣布其具有某种的个人风格，媒体也往往推波助澜。然而，这种个人风格如果不具有稳定性，就会昙花一现。皮尔·卡丹很重视其个人风格的塑造，他的服装作品用色大胆，线条明朗，造型抽象概括，具有建筑风格。几十年来，他的服装风格有一种超稳定性，很容易辨认，被人们长久喜欢。从另外一个角度看，设计师个人的创作风格可能不像时代风格或者民族风格那样长久维持，一辈子不过几十年，但是，在人生几十年里，有些设计师创造了真正有价值的个人风格，并且持之以恒，他们在风格史上占有一席之地，甚至可能形成一种流派，在相当长的时期里发生影响。例如，人们非常容易把夏帕瑞丽同超现实主义联系起来，维维安·韦斯特伍德被称为是"朋克之母"，加里亚诺把后现代的艺术风格演绎得淋漓尽致。一个好的设计师是一个品牌成功与否的重要因素，一个已经获得市场认同的服装品牌在选择其设计人员队伍的时候也是极为谨慎的。

设计师与服装品牌之间有一个相互理解、相互融合的过程。一个成功的设计师必须了解其所服务品牌的定位、品牌所要表达的文化内涵等各个方面的要素。可以这样说，一个在服装界取得了卓越成绩的设计师未必适合于任何一个服装品牌，有的设计师服务于某一个品牌时获得了很好的成绩，但是换一个品牌服务时却未必能够获得预想的成果，就是这个道理。除了和这个品牌之间的风格磨合没有到位之外，有时更多的是由于设计师长期从事于某一类风格的设计工作，其个人的设计风格受到其影响，很难一下子转换到其他类型的服装上去。例如,夏奈尔品牌的设计师其作品未必能够达到迪奥品牌的设计要求,而淑女屋品牌的设计师也未必能够适应 M2 品牌的风格特征。

二、著名服装品牌及其风格

(一)著名国际服装品牌

1. Chanel(*夏奈尔*)

创始人 Gabrielle Chanel(加布里埃·夏奈尔),法国品牌,其标志是两个大写的字母 C。主营高级女装、高级成衣(图6-8)。夏奈尔善于突破传统,早在20世纪40年代就成功地将极其束缚体型的女装推向简单、舒适。男装风格特征的融入,低领及男用衬衫配以腰带,是早期的夏奈尔风格,且沿袭至今。第一次世界大战期间,又推出强调利于行走、活动等功能的女装。夏奈尔有句名言:时尚来去匆匆,但风格却能永恒。

图6-8　Chanel 时装

夏奈尔开创了一种极为年轻化、个人化的衣着形式,奠定了20世纪女性时尚穿着的基调。夏奈尔时装的典型特征是廓型流畅,质料舒适,款式实用,优雅娴美,在简单中凸显精致。

2. Cerruti(*切瑞蒂*)

1967 年在法国巴黎注册的品牌,以"CERRUTI 1881"为标志。创始人是尼诺·切瑞蒂,主营高级男装成衣、高级女装成衣、系列香水,另有电影服装设计等,目标消费群为中高收入消费层,以男装为主,品类延伸至女装。

切瑞蒂的设计师,有意大利时装之父称誉的尼诺.切瑞蒂对他的 CERRUTI 1881 品牌男装的解释是:"当男人穿上西装时,他应该看起来像那些重要的头面人物",CERRUTI 1881 具有流线型的设计风格,极其注重面料的选用,优质昂贵面料如人字形斜纹呢、牙签条等传统织物常用于男装上,手感细腻、舒适,不但款型时刻紧随时尚,剪裁上更是将意大利式的手工传统、英国式的色彩配置和法国式的样式风格完美糅合,融入了经典而又新鲜的品位。

3. Yves Saint Laurent(伊夫·圣·洛朗)

1962 年在法国巴黎注册,主营高级女装、高级成衣。以创始人伊夫·圣·洛朗的姓名中的三个大写字母 YSL 的叠加构成了该品牌的标志。

中性化风格是伊夫·圣·洛朗品牌的典型表现,同时也是其设计师推崇的"男女平等"原则的反映。伊夫·圣·洛朗把男装的基本款式用于女装,并把男装的面料、颜色用于其中,精心的裁剪、雅致的设计,是时尚与传统艺术及工艺的完美结合。伊夫·圣·洛朗大胆抛弃了束缚女性身体的时装款式,是胸罩最坚定的反对者之一,他曾要求模特全部真空上阵,去展示性感的透视装。他塑造的女性形象永远高雅,即使是性感的透明装也不难窥见其中古典高雅的气韵。他自始至终力求高级女装艺术品般的完美,并赋予时装纯粹的艺术品位。

4. Calvin Klein(卡尔文·克莱恩)

Calvin Klein 品牌的注册地在美国纽约,主营高级时装和高级成衣。创始人卡尔文·克莱恩的姓名大写字母 CK 是其典型的标志。Calvin Klein、CK Calvin Klein、Calvin Klein Jeans 是该品牌下的三个不同线路,分别主营高级时装、高级成衣和牛仔系列服饰。

Calvin Klein 的作品干净、细致剪裁,在典雅、中性色调的布料中,展现一种简洁利落的时尚风貌。Calvin Klein 喜欢干净完美的形象,因此也表现在服装中,运用丝、麻、棉与毛料等天然材质,搭配利落剪裁,呈现一种高尚的格调。

极简、性感是 CK 品牌的重要特征,CK 的设计哲学是现代、极简、舒适、华丽、休闲而不失优雅气息,与纯净、性感并重。1982 年推出 Underwear 内衣系列,改变了全球对内衣的观感,一跃成为众人追求的时尚。该品牌的衣服是中性的,可评论界却一致给予了"很性感"的评价,如图 6-9 所示。

图 6-9 Calvin Klein 内衣

5. Versace(范思哲)

Versace 的经典品牌象征,是美艳非凡的蛇发女妖美杜莎,象征 Versace 女人无与伦比的美艳、撩人,蛊惑所有为 Versace 魅力心动的人,使其不顾后果地张望,在惊艳过后被耀眼的艳丽石化、慑服。该品牌的主要服装类型为高级时装以及高级成衣。范思哲的设计风格非常鲜明,强调快乐与性感,非常善于运用线条来表现女性的身体。

范思哲的设计风格鲜明,是独特的美感极强的先锋艺术的象征。其中独具魅力的是充满文艺复兴时期特色的华丽而具有丰富想象力的款式,女装领口常开到腰部以下,采用高贵豪华的面料,借助斜裁方式,在生硬的几何线条与柔和的身体曲线间巧妙过渡,性感漂亮,女性味十足,色彩鲜艳,既有歌剧式的超现实的华丽,又能充分考虑穿着舒适性及恰当地显示体型。范思哲的套装、裙子、大衣等都以线条为标志,性感地表达女性的身体。范思哲品牌主要服务对象是皇室贵族和明星,其中女晚装是范思哲的精髓和灵魂。

即便是男装,范思哲品牌也以皮革缠绕成衣,创造一种大胆、雄伟甚至有点放荡的廓型,而在尺寸上则略有宽松而感觉舒适,仍然使用斜及不对称的技巧。宽肩膀,微妙的细部处理暗示着某种科学幻想,人们称其是未来派设计。

6. Christian Dior(克里斯汀·迪奥)

Christian Dior 品牌创始于 1947 年,以设计师克里斯汀·迪奥的名字命名,缩写的 CD 字母是其品牌的标志。迪奥品牌主营高级女装、高级成衣、针织服装、内衣、香水、化妆品、珠宝、配件等。

迪奥一直是炫丽的高级女装的代名词,设计风格始终沿袭法国高级女装的传统,保持高级华丽的设计线路,重点在于服装的女性造型线条而非色彩,强调女性凸凹有致、形体柔美的曲线。迪奥选择上乘的面料,女装耀眼、华丽、高雅,做工精细,迎合了上流社会成熟女性的审美品位,备受时装界关注。迪奥品牌在巴黎地位极高,象征着法国时装文化的最高精神。在迪奥的设计中,女性独特的魅力被淋漓尽致地体现,在这种大胆完全的体现中,原不被欣赏的黑色经迪奥的手也成为一种流行的颜色。迪奥时装之华丽以晚装为最,豪华、奢侈,在传说和创意、古典和现代、硬朗和柔情中寻求统一(图 6-10)。迪奥的晚礼服总让人们屏息凝神,惊诧不已。

图 6-10　Christian Dior 晚礼服

7. COMME DES GARCONS

COMME DES GARCONS 是法语,中文意思是"像小男孩一样"。COMME DES GARCONS

简称"CDG",创立者川久保玲。1981 年,川久保玲在法国巴黎举行了第一场发布会,创新的风格立刻受到时装界的重视,并确定了品牌的地位。

川久保玲的破旧、立体剪裁、不对称的设计风格、蕴涵着属于东方的禅机和思想,令人印象深刻。作品的典雅与沉郁,展现了属于东方的哲学味。她将日本典雅沉静的传统、立体几何模式、不对称重叠式创新剪裁,加上利落的线条与沉郁的色调,与创意结合,呈现很意识形态的美感。

8. Anna Sui (安娜·苏)

创始人安娜·苏,这个百分之百的华人,现在是美国时装界炙手可热的人物之一。安娜·苏擅长于从各种艺术形态中寻找灵感:布鲁姆伯瑞部落装、斯堪的那维亚的装饰品、高中预科生的校服都成为她灵感的源泉。安娜·苏的设计有个公认的特点——妖艳、怪诞和颓废,而且毫不在意世俗的眼光。其时装流露出浓郁的复古气息,刺绣、花边、烫钻、绣珠、毛皮装饰体现出的绚丽奢华的独特气质,形成了她独特的巫女般迷幻魔力的风格。在简约自然主义领导时尚潮流的今日,这样的设计是逆流而上,风格令人爱恨分明,没有灰色地带,模特儿与音乐家都迷醉于她独特的风格。成了安娜·苏品牌的忠实顾客。

9. Giorgio Armani (乔治·阿玛尼)

创始人乔治·阿玛尼,著名意大利时装设计师,1975 年创立乔治·阿玛尼公司,该品牌现已是美国销量最大的欧洲设计师品牌。乔治·阿玛尼以使用新型面料及优良制作而闻名,设计风格既非潮流亦非传统,而是二者的结合体。1975 年阿玛尼推出无线条无结构男式夹克,在看似不经意的剪裁下隐约凸显人体美感,既摒弃了 60 年代紧束男性身躯的乏味套装,也不同于当时流行的嬉皮风格,在时装界掀起了一场革命。阿玛尼的另一代表作品是一款松散的女式夹克,使用了传统男装的布料,与男夹克一样简单柔软,并透露着些许男性威严。阿玛尼对女装款式进行了大胆颠覆,从而使阿玛尼时装成为高级职业女性的最爱。在两性性别越趋混淆的年代,乔治·阿玛尼打破阳刚与阴柔的界线,是引领时尚迈向中性风格的设计师之一。

10. Hugo Boss (雨果·博斯)

Hugo Boss 是世界知名奢侈品牌,源于德国,主营男女服装、香水、手表及其他配件。Hugo Boss 这个名字在国际男装市场上占有举足轻重的地位,是时尚男士服装的代名词,专事出品世界顶级的高品质男装。Hugo Boss 的广告形象阳刚味十足,不论设计或形象都非常男性化,而且是那种不化妆,也不戴多余的首饰,很注重社会认同的男性形象。该品牌男装品质和做工一流,有很完备的系列商品,是许多中高级主管心目中的标准典范。

(二)特色国内服装品牌

我国是服装生产的大国,但遗憾的是虽然中国企业家们已经意识到"品牌经营"的概念,我国的国产服装品牌还是处于一个良莠不齐的阶段,更没有一个世界性的品牌。但相比较世界著名服装品牌,国内品牌的服装一直以价格低赢得消费者,消费人群较为广泛。下面就简单介绍几个具有明显风格特点的国产品牌。

1. 天意

以中国书法写意的"天意"二字作为品牌标志的天意服饰，将传统文化作为设计因素，设计师是梁子。公司创立于 1995 年，设计理念"平和、健康、美丽"，产品定位为成熟女性休闲装。

品牌风格定位为时尚与具有中国文化内涵，将中国传统精美工艺与现代时尚元素融为一体，于端庄中表现风雅，使穿着与搭配轻松自在，表达超脱于潮流之外的悠闲适意。天然面料"棉、麻、丝、毛"是天意品牌的首选用料，以质朴的材料、宁静的色彩，简洁的形式，精致的细节来体现中国文化底蕴。

2. 例外

例外品牌创立于 1996 年，秉持创新的价值追求与传承东方文化，致力于将原创精神转化为独特的服饰文化以及当代生活方式。例外的标示是反转的英文"EXCEPTION"，例外就是反的，也正是例外设计风格的写照："EXCEPTION"是不跟风的，游离于大众潮流之外，却又在不断地创造着新的潮流；"EXCEPTION"在不断打破传统的同时也在不断将梦想转化为现实。"EXCEPTION"代表一种观念，崇尚人的真实，尊重作为生命存在的人群本身，设计旨在发掘衣装后面人的精神，而绝非只见衣装不见人式的张扬。

例外独特的审美观是自信使人富有魅力而非刻意掩饰不足，主张真实人的释放。

3. 李宁

李宁公司成立于 1990 年，创立之初即与中国奥委会携手合作，通过体育用品事业推动中国体育发展，并不遗余力赞助各种赛事。时至今日，李宁公司已经成为中国体育用品行业的领跑者，并已逐步成为代表中国的、国际领先的运动品牌公司。李宁产品不仅包含运动服装，还包含了运动鞋、运动配件等多个系列。

4. 杉杉

1996 年注册的国产品牌杉杉，以两个"S"与杉树造型构成了品牌的标识，主要生产和经营中高档西服、衬衫、服饰等，定位于高级商务休闲装。

其目标消费群是具有高级或中高级消费行为和消费能力的商务人士，收入高，品位高，因此产品有高或中高的价位，高档的质地、款式、做工、档次，高档的销售场所，体现成功、成熟、高贵。杉杉定位于目标消费群在商务活动中穿着的服饰，高级商务休闲是杉杉的基本风格特征，因此虽然不是正装，但不能有失基本的庄重、正式的风范，以及基本的礼仪功能。休闲是杉杉要体现的另一种生活态度，在舒适、休闲、时尚、个性的前提下，表现着装者的个人魅力。

5. 劲霸

劲霸是中国著名男装品牌，自品牌建立之初一直专注于以夹克为核心品类的男装市场，并通过精湛领先的产品研发设计，强而有力的品牌运营管理，稳健齐备的专卖销售体系，以及"款式设计领先"和"板型经验丰富"获得了消费者的良好口碑，成为中国商务休闲男装的旗舰品牌。

6. 太平鸟女装

太平鸟女装创建于 1997 年，以设计开发和销售时尚女装系列产品为主营业务。太平鸟女装的风格多元，包含四大系列，年龄及风格覆盖面较广，有专为具有优雅气质、充满女性魅力的顾客群体设计的 COLLECTION 系列，活力有型的 JEANS 系列；有为那些喜欢表达自己艺术气质的女性所设计的 TRENDY 系列；还有受年轻人欢迎的日式混搭潮流的乐町系列。太平鸟女装的设计定位于亚洲女性，极力塑造与欧美女性需求全然不同的"亚洲风格"。

7. 歌莉娅

"歌莉娅"源自英文"GLORIA"，意为荣耀、颂歌，诞生于 1995 年，以环球发现为品牌核心，以 28 岁女性为核心顾客，面向 20～35 岁中高端消费的女性。歌莉娅形成了以柔美为核心的都会时尚风格，倡导在生活中发现和分享美好，享受自然的礼遇、享受时尚的购物体验，创造高品位但不奢华的穿衣方式和生活方式，强调知性、优雅、得体的内在涵养。

歌莉娅将鲜花带入时尚产业，创造了购物赠鲜花的营销方式，顾客在部分城市的歌莉娅店铺购买任何产品即可获赠鲜花。在持续超过 10 年的环球发现中，探索、采撷，将潮流与各地文化融合，创作出气质与时尚兼备的少淑女装服饰。

第三节　服装品牌风格与服饰搭配艺术

着装者进行服饰搭配的总体效果很大程度上取决于其对所选择服装的了解程度。如上文所列举之各服装品牌，它们虽源自不同的国家，且各具自己的风格特征，但我们也不难看出，不少品牌的服装风格定位之间是有交集的，如伊夫·圣·洛朗与卡尔文·克莱恩品牌中都带有中性化的趋势；克里斯汀·迪奥与范思哲品牌都非常注重表现女性身体的优美线条；天意与 TianArt 品牌都以中国的传统文化为设计灵感，追求传统与时尚的交融。服装搭配时，如按风格将不同服装品牌予以分类，可以大大简化服装搭配的难度。

一、相同或相似品牌的服饰搭配

(一)相同品牌的服饰搭配

由于受到品牌风格定位的制约，虽然不同时期同一个品牌的服装风格又会细分为多个不同的主题，但是它们总体的风貌是相符相融的。在上下装以及内外装的搭配时，选择同一个品牌的服装，这是服装搭配风格协调的最为简便的方法。

图 6-11 为淑女装品牌的服装搭配出样，不论是内外装还是上下装，都洋溢着青春的气息，款式之间的这种互通性，使服饰形象显得和谐而自然。不同时期，随着时尚界流行转向

的不同,品牌会结合自身定位推出不同主题的款式系列,同一主题下的款式往往在色彩、面料、款式细节等方面相互呼应,最易做到搭配和谐,服饰搭配时要妥善加以利用。

图 6 - 11　同一品牌的服装搭配

　　选择同一品牌的服装进行搭配方法虽然简便,但是服装搭配者在进行服装品牌选择时首先要对自身适合怎样的服装风格作一个正确的判断。对个体着装者而言,由于个人生活经历、文化素养等背景的差异,个体与个体的性格、气质是截然不同的。即使是同一个体在不同的阶段,性格、气质也会有很大的差别。因此正确判断自身现阶段适合的风格是服装整体搭配的首要条件。一个通常的定律是:如果品牌的定位比较年轻化,往往色彩柔美,款式细节上也会较多的运用绣花、花边之类相对柔美的装饰手法;而如果一个品牌定位是成熟女性的着装,色彩则会相对稳重,一般不会使用过于繁复的细节设计。可以做这样的假设,一个在消费者心目中的印象是适合 20 岁上下、且性格温柔的女性穿着的品牌服装,穿在一个40 岁左右的中年女性身上,必然容易给人留下格格不入、甚至装嫩的印象。一个比较极端的例子是曾风靡一时的露脐装,它对着装者的形体条件有很大的限制,腰肢纤细、小腹平坦的女性比较容易穿出款式的美感,但遗憾的是一部分女性不顾自身肥胖的客观条件选择高腰露脐的短装款式,不仅不能给人以美的感受,其腰部赘肉横溢,反而强化了自身体型的缺陷。

(二)相似品牌的服装搭配

　　同一品牌、同一系列服装的整体搭配虽易在色彩、面料、款式细节等方面做到和谐一致,但这种搭配方式的缺点也是显而易见的:不易凸显着装者个性,容易造成服饰形象的雷同感,甚至使着装者看起来俨然与橱窗中的模特如出一辙。事实上出于种种的原因,多数着装者服饰形象的组成来源于多个品牌,不同品牌的服装交错搭配首要的任务就是对所选择的品牌服装风格有一个清晰的认识,一般说来,类似风格的品牌比较容易进行搭配。

　　相似风格的服装相互搭配是利用了不同品牌之间风格定位的交集,找到不同品牌之间的共性,把它们融合在同一个服饰形象上。如上文提到的克里斯汀·迪奥与范思哲、天意与TianArt,某种程度上说,它们之间不少服饰单品是可以融合进一个服饰形象的,再如上文列举的品牌LEE,以牛仔服饰为主打产品,融合豪放与休闲于一身,市面上同样主营牛仔服饰还有Apple、Levi's等多个品牌,这些品牌旗下不同款式的服装交互搭配则可取得较单一品牌更为丰富的服饰语言。图6-12是两个不同品牌的服装样品展示,它们都具有休闲的风格倾向,四个人体模型上的服饰上下装、里外装具有可互换性。

图6-12　两个风格相似的服装品牌

　　即使在同一设计风格的约束之下,由于设计师个人设计经历、审美视角的不同,不同品牌的设计师会设计出不同细节特征的款式,甚至即使是同一品牌旗下的设计师们,作品也各有特点,只要能够巧妙加以运用,使不同品牌的服饰相互融合,有时会收到意想不到的效果。

二、混搭

混搭英文原词为 Mix and Match,即混合搭配。混搭是一个时尚界专用名词,指将不同风格、不同材质、不同身价的东西按照个人口味拼凑在一起,从而混合搭配出完全个人化的风格。混搭就是不要规规矩矩穿衣。混搭不等于"乱穿",混搭这种时尚时髦的穿衣方式,是违背一般服饰搭配风格的搭配,是完全不等同于毫无章法的胡乱搭配的。

混搭来源于 2001 年的时装界,日本的时尚杂志 ZIPPER 当时写道:"新世纪的全球时尚似乎产生了迷茫,什么是新的趋势? 于是随意配搭成为了无师自通的时装潮流。"拼贴、混杂、组合,这些传统的后现代词汇似乎并不能足以解释混搭的劲头,超越同类项的时空交错只能以本身就极具混合味道的"混搭"来注释。

20 世纪中后期,多元混融风貌的服饰理念曾经随着摇滚乐兴起于民间,在激情与颓废中建构起来的嬉皮风和朋克精神将传统的美学秩序彻底颠覆,打破了古典主义一直盛行的优雅、华丽以及具有均衡感的审美规则。如今的时尚前沿从各个方面汲取时尚的元素,现今的服饰混搭文化,就在这种文化背景中逐渐形成发展了。不遵循一般的形式美法则,是混搭的基本方式,这些打破常规的组合往往能够制造出位印象,大胆使用一些一般场合不怎么敢用的元素给普通的造型注入新鲜之感。

混搭风格并不是完全没有规律可循的,一般来说,有下面四种类型来进行混搭。

(一)面料混搭

面料的混搭是利用面料本身表面物理性质的差异,以突出材质之间的差别。服装的面料质感大致归纳为:薄料、厚料(包括中等厚度)、毛绒面料、透明面料等。

面料能将服装的造型以及风格准确地表现出来,而设计师要充分了解各种面料的性能才能把握好面料的混搭,突出不同面料的质感。质感不同的面料进行混搭会有很好的效果。柔软面料与硬挺面料、光滑面料与粗糙感面料、质地疏松与质地紧密面料、轻薄面料与厚重面料的混搭,强调了冲撞感,视觉反差强烈。一般情况下,面料混搭要注意每一种面料的季节特征,如同是冬节适用面料的搭配使用,但这也不可一概而论,有时在舞台上为了达到出彩的效果,一些反季节的搭配也可以混合使用,如混羊毛的厚呢质料与雪纺搭配在一起,季节错乱之感未必不是一种设计理念的表达;曾在市场上极为畅销的牛仔面料与雪纺面料搭配制作的裙子,上半截是牛仔面料,下半截是雪纺荷叶边,强烈的面料对比凸显了少女年轻、具有冲劲、不受世俗约束的性格特征,受到了时尚一族的追捧;又如层叠短裙与西服的搭配,轻柔的面料与上装的挺括质感形成对比,短裙轻盈的造型打破了上装沉重之感,让女性在优雅中透出几分活泼。尤其是在一些同色系列的服饰搭配时,巧妙利用面料本身的材质肌理对比,显得尤为重要。同色面料由于色彩的雷同,容易在视觉上造成混同的感觉,但如果面料上产生质感的落差,一样可以营造出生动的服饰效果。图 6-13 所示服装的面料组合,通过蔽与露、粗犷与浪漫、厚重与轻扬的对比,一些甚至不属于同一季节的面料被组合到了一起,表现了独特的美感。

图 6 - 13　面料的混搭

突出面料的不同质感以及功能性,增强视觉冲击力,带给人耳目一新的感觉,同时令设计师的思维更加开阔。好的混搭面料会带给设计师无限的创意灵感。这种非常规的混搭手法创造出了新的服装风格,丰富了服装设计的语言,使材料本身具有的美感得以很大程度上的发挥。

(二)撞色混搭

在常规的服装搭配时,常以统调为基本的色彩原则,色彩搭配时以色环为依据。如在色相环上,颜色之间的位置比较接近,色相距离大约30°,这样色相的差别不大,较易形成统一之感。这样的配色叫做色相相近的色彩配色。色相距离约60°则为类似色相,是较弱对比类型;色相距离约90°是中差色相,为中对比类型。以相近、中差等色相进行搭配,比较容易在色彩上达到和谐,即在服装色彩学上常说的统调原则:在一个基本的色调前提下,在明度、色相点缀等方面注意适当地拉开距离,以求统一中有变化,和谐中有对比。当色相距离达到120°左右,属于色彩对比比较强烈的组合,在视觉上容易形成活泼鲜明之感,较易调动起观察者的视觉兴奋度,这样的色彩关系对比度大,一般比较难搭配,处理不好的话,会产生杂乱之感。

色彩的混搭不以简单的统调为原则,而是将中差色相的搭配、最鲜艳的颜色混搭在一起。以求造成不一样的视觉效果。一般色彩组合时很少会将对比强烈、纯度相当的色彩大量使用,达到很强的视觉冲击力。图 6 - 14 中的设计将草绿与玫红这样两个极为鲜艳的色彩大面积地组合在一起,给人的视觉产生很大的冲撞。不过色彩的撞色混搭并不是简单的色彩的堆砌,忌用太多的颜色,过于五彩斑斓会失去色彩冲撞的本意,全身上下的颜色最好控制在三四种左右。在注意色彩冲撞的同时,还可以在服装的造型上拉开一定的对比,如大红和紫的搭配,紫色的紧身裤穿出腿部的优美线条,配以有些大红色的松垮的针织衫,柔媚之感由骨散发。

图6-14 撞色混搭   图6-15 线条感混搭

(三)线条感混搭

线条是服装构成的一个重要的元素。线条在服装中起到的作用是至关重要的,如服装的外轮廓线条,关系到服装整体风格的表现,其宽松、紧窄是服装着装效果有力的体现,有时一个时代的服装风格就可以从其基本廓型体现出来;服装边缘线的高低有时对服装的外貌会产生彻底性的颠覆,如超短裙的出现,仅仅是由于裙底边的提高,产生的却是划时代的变革;服装的分割线以及众多的装饰线条,是服装不可或缺的组成元素,不但有形状上的变化且还有材质上的变化。因此,我们可以充分利用服装上线条的特性来进行服饰搭配。

体积或线条相差较大的服装单品搭配在一起,能起到丰富视觉的效果,再选择一些具有代表性的风格配饰就可以造成混搭的效果。如图6-15所示,衣身与裤装皆为修身的造型,配合以夸张外扩的裙型,服饰形象的外轮廓线条起伏变化,具有很强的动感;又如,一条简单的深蓝色低领连衣裙,以黄色绒线勾边加强线条感,色彩的差别具有一定的色彩冲撞效果,在服饰配件的选择时,则避开常规的小皮包,转而选择外形饱满扩张的漆皮大包,让大包的膨胀感与服装的完美线条成为对比,用漆皮元素来增加整体造型的华丽感。

(四)风格混搭

各种风格混搭是最无章法可循的混搭方式,着装者可以发挥天马行空的创意,将衣柜中任何风格的单品翻出来进行重新排列组合。如图6-16所示,具有中性风格的皮质外套与极富女性感的纱质短裙搭配、端庄的西服式外套与性感的花边内衣组合,完全颠覆了常规的服饰搭配概念。服饰"混搭"强调的是服饰的个人风格与魅力的体现,在服饰组合时注重"搭配感",在风格混搭的旗帜下,任何方式的服饰组合都是合理的,一般的服装搭配基本理念则失去了其说服力。

图6-16　风格的混搭

混搭看似漫不经心,实则出奇制胜。虽然是多种元素共存,但不代表乱搭一气,混搭是否成功,关键还是要确定一个基调,以这种风格为主线,其他风格做点缀,有轻有重,有主有次。混搭应该特别注意颜色,从衣服到配饰、鞋子和包袋等都要围绕一个主题。服饰混搭的颜色不要太多,以三四种为宜。同时,应该注意颜色之间的过渡和呼应,体现一种看似是不经意间流露出来的精致。

混搭在追求个性与时尚的多元化的时代,各种新观念、新意识及新的表现手法空前活跃,具有不同于以往任何时期的多样性、灵活性和随意性。

小结

　　风格是服装的独特性,没有独特性就没有风格,服装风格是设计师独特的创作思维以及艺术修养的反映。服饰搭配是对多个不同服饰单元的重新构造与设计,必须建立在对所选择服饰单元了解的基础上。服饰的搭配可以在同一品牌内进行,也可以在不同品牌之间进行,无论用哪一种搭配手段,关键是要深蕴服饰的风格内涵,在搭配设计时才能做到游刃有余。

思考题

　　1.何谓服装风格?

　　2.试就某一品牌的服饰,分析其风格特点。

　　3.何谓"混搭"? 大致有哪几种混搭的手段?

　　4.试就近年的流行风潮,谈谈个人对于服装风格与流行的看法。

参考文献

［1］李当岐.服装学概论［M］.北京:高等教育出版社,1998.

［2］肖燕.风格与服饰搭配［M］.上海:上海人民美术出版社,2010.

［3］陆乐.服装穿着搭配技巧［M］.上海:上海科学技术出版社,2010.

［4］高秀明.服装十讲:风格·流行·搭配［M］.上海:东华大学出版社,2014.

［5］杨柳,王巍.服饰搭配［M］.北京:中国纺织出版社,2011.

［6］王晓威.服装色彩鉴赏［M］.北京:中国轻工业出版社,2010.